다묘양육백서

세상에서 가장 행복한 다묘가정 만들기

長谷川 諒 감수 · 이수정 역
한진수 번역 감수

역자 서문

다묘양육백서는 여러 마리의 고양이를 키우는 반려인들을 위한 따뜻하고 세심한 양육안내서입니다. 처음 이 책을 접했을 때, 아기자기한 디자인과 고양이들의 평화로운 표정이 담긴 사진들이 저의 눈길을 사로잡았고, 궁금한 마음에 책을 펼치게 되었습니다. 내용을 하나하나 읽어 내려가는 동안, 고양이 전문 수의사인 하세가와 료라는 감수자가 다묘양육 집사인 본인의 경험을 더해 자신만의 깊은 통찰과 지식을 아낌없이 담아냈다는 것을 알 수 있었습니다. 수의사로서 동물병원에서 다년간 진료를 봐왔던 저도 미처 생각지 못했던 다묘양육에 대한 유용한 꿀팁들도 발견할 수 있었습니다.

고양이의 행동은 요즘 MZ언어로 표현하자면 '츤데레'라고 표현하는 것이 맞는 것 같습니다. 어느새 내 앞까지 와서 애교를 부리다가도 갑자기 쌩 돌아서기도 하고… 가까워진 듯하다가도 거리를 두기도 하고, 닿을 듯 안 닿을 듯 이런 아주 절묘한 타이밍과 거리 두기가 신비스럽고, 그래서 더욱 고양이의 매력에 빠져들게 됩니다.

책에도 언급되어 있듯이, 고양이에게는 기본적으로 몸에 뭔가 이상이 있어도 숨기려는 경향이 강한 야생성의 특징이 있어, 우리 사랑스러운 고양이의 건강을 항상 염려하는 보호자에게는 병의 조기발견과 조기치료를 더 어렵게 만드는 요인이 되기도 합니다. 그래서 더욱 중요한 점은 가능한 한 촘촘하게 우리 아이의 건강 상태를 체크해보는 것입니다. 매일 비슷한 시간에 같은 방식으로 고양이들을 돌봐주면서 아주 작은 변화라도 빨리 알아차리는 것이 이상적이며, 이를 기록하는 습관은 매우 중요합니다.

최근 우리나라도 반려동물을 양육하는 혹은 희망하는 가정이 많이 늘었습니다. 이 글을 빌려 그런 가정의 식구들 개개인 모두에게 당부드리고 싶은 것은, 동물을 들이기 전에 미리 동물보호법의 '동물보호의 기본원칙'을 바탕으로 '올바른 양육 방법 및 펫티켓'에 대해 관심을 가지고 조금이라도 익힌 후에, 가족의 일원으로서 반려동물을 맞이해 주셨으면 한다는 것입니다. 또 알아 두어야 할 중요한 원칙은 고양이뿐만 아니라 반려동물을 키울 때 식비 외에 대부분 사용되는 비용은 일반적으로 의료비이기 때문에 '대비가 필요하다'라는 것입니다. 특히, 다묘양육 중에서도 비슷한 연령대의 고양이를 여럿 키우고 있다면, 건강상의 문제가 비슷한 시기에 생길 수 있으므로, 동물병원에 자주 가야 할 때가 있을 수 있습니다. 그러므로 반드시 염두에 두어야 하는 사항은 자기 스스로가 시간과 비용을 쓰는 데 자유로운 범위 내에서 적절한 수의 고양이를 입양하고 양육하는 것입니다.

이 책은 가족으로서 다묘 또는 외동묘로 새로운 고양이를 집에 들이려는 분들, 양육환경을 잘 준비하고자 하는 분들에게 테마별로 다양하고 유용한 정보들을 정리해서 알려주고 있습니다. 여러분이 고양이와 하루하루 편안하고 행복한 삶을 살아가는 데 조금이라도 도움이 될 수 있기를 바랍니다.

마지막으로, 글 중의 일본의 동물애호법에 의거한 내용이나 유기동물보호소 운영방식 등의 법적인 사항이나 비용 금액들은 우리나라와는 사정이 조금 다른 부분들이 있으므로, 참고하여 읽어주시길 바랍니다.

2024년 끝자락 고즈넉한 어느 새벽에

이수정

시작하면서

저는 어릴 적부터 동물을 매우 좋아했습니다. 수의사가 되려고 한 이유도 '동물을 좋아해서'라는 이유가 컸어요.

어린 시절에는 집에서 강아지를 키웠지만 대학생이 되고 혼자 생활을 하기 시작하며 대학교 2학년이 되었을 때쯤 길고양이 케어 봉사활동을 시작한 계기로 고양이를 키우는 생활이 시작되었습니다. 반년쯤 지나서 또 한 마리가 늘었고, 수의사가 되고 나서는 버려진 고양이를 구조하면서 또 한 마리가 늘어 지금은 너무나도 귀엽고 사랑스러운 고양이 3마리와 함께 생활을 하고 있습니다.

고양이는 자기만의 방식이 확고한 동물로 어떤 때는 앙증맞기도 하지만 한편으로는 애교덩어리인 애물이라는 말이 딱 맞겠네요. 애교를 부리며 다가올 때가 있기도 하지만 그렇지 않은 때도 있어, 그 밸런스가 정말로 절묘하다고 저는 생각합니다. 차갑게 다가올 때가 있는 만큼, 달달하게 애교를 부릴 때는 더욱더 사랑스럽게 느껴집니다.

고양이는 기본적으로 강인한 동물로, 더욱이 건강상의 문제가 있더라도 감추려는 경향이 있습니다. 이는 '약해져 있는 것을 적에게 보여주지 않기' 위한 야생본능에 기인하고 있는 것이지요.

이런 야생미가 고양이의 매력적인 면이기도 하지만 보호자에게는 이런 행동이 병의 조기발견이나 조기치료를 어렵게 하는 경우도 있습니다.

제가 기르는 고양이입니다. 귀엽고 사랑스러운 모습에 힐링이 됩니다.

중요한 것은, 되도록이면 건강상태를 자주 확인하는 것으로, 예를 들어 화장실 청소는 매일, 같은 시간대에, 동일한 사람이 하도록 하여, 작은 변화도 알아차릴 수 있도록 하는 것이 이상적입니다. 이것은 다묘양육은 물론 고양이 한 마리를 양육할 때도 마찬가지로 건강을 유지하기 위한 핵심이라고 할 수 있겠습니다.

또한 건강 문제와 관련하여 특히 다묘양육을 시작하기 전에 알아두어야 할 것 중 하나가 의료비 문제입니다.

일반적으로 고양이를 키우며 들어가는 비용 중 식비 다음으로 많이 차지하는 부분이 의료비입니다. 특히 같은 연령대의 고양이를 키우다 보면, 건강상 문제가 비슷한 시기에 겹쳐서 발생하게 되는 경우가 있습니다. 그렇게 되면 어느 정도는 목돈의 의료비가 필요하게 됩니다.

이렇듯 다묘양육을 위해서는 최소한으로 염두에 두어야 할 점이 있는데, 이는 고양이를 맞이하기 전에, 적어도 '자신이나 가족이 충분히 돌볼 수 있는 수인지 확인하는 것'이 대전제라는 것입니다.

그리고 이러한 점이 해결된다면 고양이들과의 생활은 역시나, 매우 즐겁습니다.

저 자신도 2마리째, 그리고 3마리째를 맞이하기 전까지는 '과연 모두가 행복하게 살 수 있을 것인가'라는 약간의 불안감도 있었습니다만, 결과적으로는 그런 걱정은 의미가 없었습니다. 고양이들이 함께 같이 놀고 있는 모습이나 자고 있는 모습을 보고 있을 때면, 행복감은 물론이고 힐링이 되는 것을 느끼게 됩니다.

이 책은 새로운 고양이를 만나는 순간부터 함께하는 양육생활환경 만들기, 그리고 앞서 언급한 건강유지 등 테마 주제별로 다묘양육에 필요한 정보를 모아 정리해 보았습니다.

여러분들의 귀엽고 사랑스러운 고양이들과의 생활에 도움이 되면 좋겠습니다.

수의사 **하세가와 료**

차례

제1장 고양이와의 행복한 생활을 위해서

새로운 고양이 입양 포인트

ix

제3장 모두가 행복하게 지낼 수 있는 힌트

제5장 알아 두면 좋은 문제 대책

이 책의 구성

본 도서는 다묘양육의 적절한 방법을 테마별로 소개하고 있습니다.

고양이에 관한 기초지식을 시작으로, 만남의 방법, 건강상의 문제 케어까지, 고양이들과 함께하는 생활에 필요한 순서대로 보호자가 알아두었으면 하는 정보를 담았습니다.

1
고양이 양육에 필요한 비용(환경 조성비용)
08 양육 준비에 드는 비용은 얼마일까?
귀엽고 사랑스러운 고양이가 행복하게 살 수 있도록 환경을 조성해 주는 비용이 필요하다. 양육을 결정하기 전에 경제적인 면도 고려해야 한다.

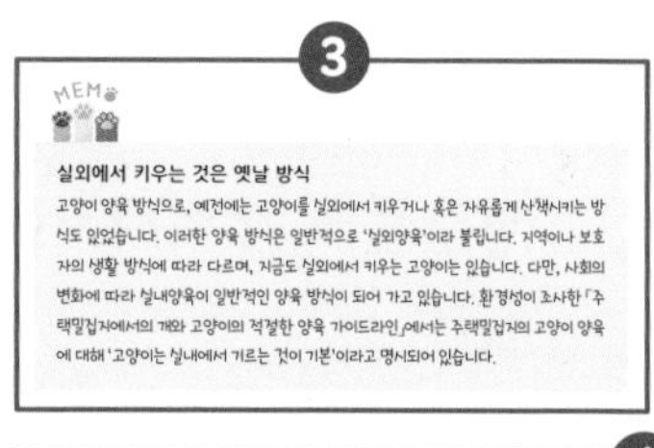
3
MEMO
실외에서 키우는 것은 옛날 방식
고양이 양육 방식으로, 예전에는 고양이를 실외에서 키우거나 혹은 자유롭게 산책시키는 방식도 있었습니다. 이러한 양육 방식은 일반적으로 '실외양육'이라 불립니다. 지역이나 보호자의 생활 방식에 따라 다르며, 지금도 실외에서 키우는 고양이는 있습니다. 다만, 사회의 변화에 따라 실내양육이 일반적인 양육 방식이 되어 가고 있습니다. 환경성이 조사한 「주택밀집지에서의 개와 고양이의 적절한 양육 가이드라인」에서는 주택밀집지의 고양이 양육에 대해 '고양이는 실내에서 기르는 것이 기본'이라고 명시되어 있습니다.

입양 비용
2

새로운 고양이를 입양해 오기 전에 현실적인 문제로서 고양이를 키우는 데 필요한 비용을 알아 두는 것이 중요합니다. 고양이 양육에는 비용이 들어가므로, '고양이가 좋아'라는 마음만으로는 고양이와 행복하게 지낼 수 없습니다.
먼저 입양 방법은 54페이지에서 자세히 설명해 놓았습니다만, 펫숍과 브리더(Breeder)에게서 입양하는 경우, 그리고 최근 늘고 있는 보호묘시설(동물보호소)에서 입양하는 경우, 3~6만 엔 정도의 비용이 듭니다(시설마다 다릅니다).

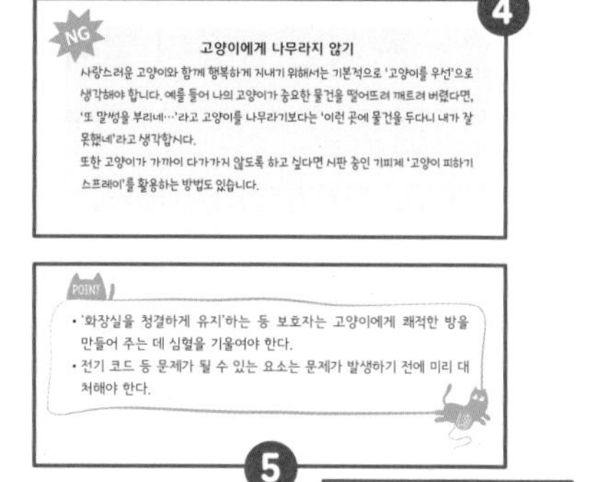
4
NG
고양이에게 나무라지 않기
사랑스러운 고양이와 함께 행복하게 지내기 위해서는 기본적으로 '고양이를 우선'으로 생각해야 합니다. 예를 들어 나의 고양이가 중요한 물건을 떨어뜨려 깨트려 버렸다면, '또 말썽을 부리네…'라고 고양이를 나무라기보다는 '이런 곳에 물건을 두다니 내가 잘못했네'라고 생각합시다.
또한 고양이가 가까이 다가가지 않도록 하고 싶다면 시판 중인 기피제 '고양이 피하기 스프레이'를 활용하는 방법도 있습니다.

POINT
- '화장실을 청결하게 유지'하는 등 보호자는 고양이에게 쾌적한 방을 만들어 주는 데 심혈을 기울여야 한다.
- 전기 코드 등 문제가 될 수 있는 요소는 문제가 발생하기 전에 미리 대처해야 한다.

5

030 다묘양육백서

제1장 고양이와의 행복한 생활을 위해서 041
6

❶ 각 페이지의 테마
보호자가 자주 느낄 수 있는 의문점 혹은 목적과 그에 대한 대답입니다. 구체적인 설명은 그 페이지의 본문과 사진, 일러스트 등으로 소개하고 있습니다.

❷ 키워드
소개하고 있는 내용의 중요한 요소를 키워드로 표현했습니다.

❸ MEMO(메모)
각 페이지에서 소개하고 있는 내용과 관련한, 고양이 다묘양육에 도움이 되는 정보입니다. 이 정보도 자신의 환경에 적절한 양육 방법을 찾아가는 데에 도움이 될 것입니다.

❹ NG(금기)
자주 하기 쉬운, 하지만 해서는 안 되는 금기사항입니다. 이런 일들을 행하는 일이 없도록 주의합시다.

❺ POINT(포인트)
각 페이지에서 소개하고 있는 내용의 요점(포인트)을 모아 간결하게 정리한 것입니다. 본 도서에서 소개하고 있는 내용을 다시 한 번 확인하고 싶을 때는 이 부분을 체크해 두면 도움이 될 것입니다.

❻ 면주
모든 페이지에 표시되어 있습니다. 고양이 다묘양육에 대해 궁금한 점을 찾을 때 이용해주세요.

고양이와의 행복한 생활을 위해서

귀엽고 사랑스러운 고양이들과의 생활을 시작하기에 앞서, 먼저 다묘양육을 위해 필요한 비용과 양육환경을 확인합시다.
동물로서의 특징 등 고양이에 대해서 심도 있게 이해하는 것이 중요하며, 이러한 지식은 고양이들과의 적절한 생활에 도움이 될 것입니다.

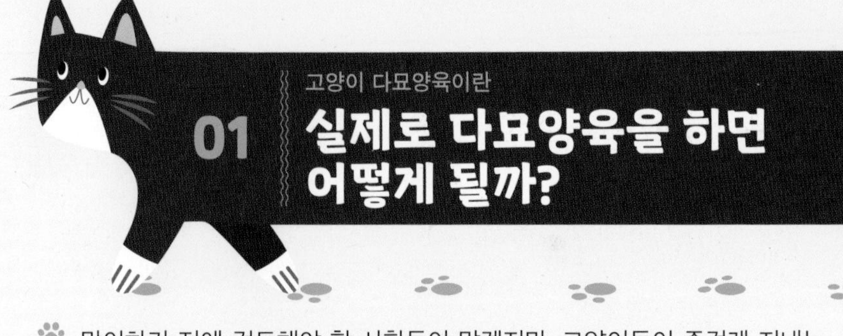

고양이 다묘양육이란

01 실제로 다묘양육을 하면 어떻게 될까?

맞이하기 전에 검토해야 할 사항들이 많겠지만, 고양이들이 즐겁게 지내는 것을 보고 있으면 보호자도 행복한 기분이 든다.

다묘양육의 행복

고양이는 매우 귀엽고 사랑스러워서, 적절한 수의 여러 고양이와 생활하면 행복을 느낄 수 있습니다. 여기에서는 실제로 다묘양육을 하고 있는 분들의 이야기를 전해 드리겠습니다.

우리 집에는 다섯 마리의 고양이가 있습니다. 새로운 고양이를 맞이했을 때는 서로 잘 적응시키는 것이 제일 큰일이었습니다. 고양이는 영역 의식(나와바리)이 있어서 순하고 사람을 잘 따르는 고양이라도 '하악' 하고 화를 내는 것은 물론, 새롭게 들어와 살게 된 고양이(신입묘, 新入猫)와 기존에 살고 있던 고양이(선주묘, 先住猫)와 구획을 나누어 두지 않으면 잠시 한눈파는 사이에 싸움이 일어나는 경우가 있었습니다. 하지만 고양이들끼리 사이가 좋아지는 과정에는 여러 다양한 드라마가 있어, 이러한 고양이들을 보고 있으면 매우 즐겁고, 큰 감동이 있습니다.

(고양이 쵸의 가족)

각각 첫눈에 반해서, 나도 모르는 사이에 고양이 세 마리와 함께 지내게 되었습니다.

식사 문제가 컸는데, 각각의 식사를 각기 다른 장소에서 먹여야 하는 점이 가장 힘들었습니다. 하지만 각자가 시간 차를 두고 응석 부리며 다가오니, 하루 종일 살랑살랑 행복감을 느끼는 시간도 늘어납니다.

(코케스케파파)

우리 집 마당에 길 잃은 고양이가 찾아온 계기로 고양이를 키우게 되었습니다. 그 후에는 보건소로부터, 혹은 고양이 보호활동을 하는 분의 소개로 입양하였으며, 가족이 점차 늘어 많을 때는 7마리의 고양이와 함께 지내기도 했습니다. 화장실과 식사 관리가 힘들 때도 있지만, 나의 사랑스러운 고양이들에 둘러싸여 매일매일 힐링을 받고 있습니다.

(유우)

자녀들이 자립을 하였고, 생활에 조금이나마 여유가 생겨 고양이를 키우기 시작했습니다. 나의 생활과 밸런스를 생각하면서 고양이와 함께 계속 지내다 보니, 어느 순간 정신을 차렸을 때에는 6마리의 고양이와 함께 생활하고 있었습니다. 고양이들이 평화롭게 지내는 모습을 보면 행복합니다.

(Y.D 씨)

원래는 아는 분의 소개로 대형 고양이 종인 메인쿤 수컷을 받아 키우게 되었습니다. 그러던 어느 날, 펫숍에 들렀는데 귀여운 새끼 고양이와 눈이 맞아 버렸습니다. 운명적인 만남이라 생각되어 집으로 들이게 되었습니다. 저의 경우에는, 처음부터 다묘양육은 힘들 것이라는 생각을 하지 못했고, 실제로 다행히도 문제 없이 행복한 나날을 보내고 있습니다. 고양이들끼리 미묘한 거리감의 관계를 보는 것이 흥미롭습니다!

(몽의 아빠)

여러 마리의 고양이들과 행복하게 지내는 가정이 많다.

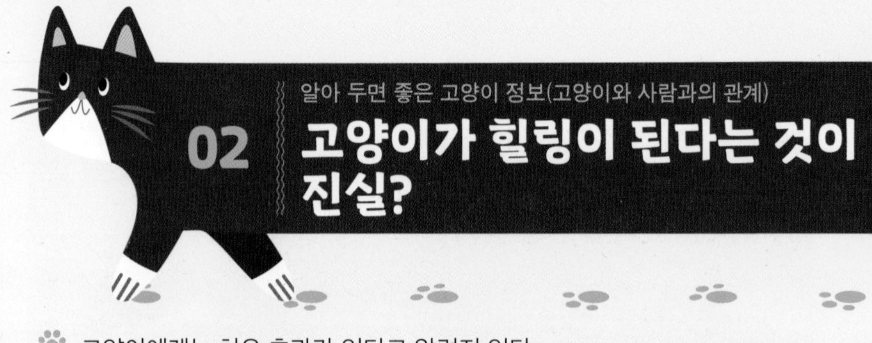

알아 두면 좋은 고양이 정보(고양이와 사람과의 관계)

02 고양이가 힐링이 된다는 것이 진실?

고양이에게는 치유 효과가 있다고 알려져 있다.
고양이를 쓰다듬으면 호르몬이 분비되어 마음도 몸도 편안하고 차분해진다.

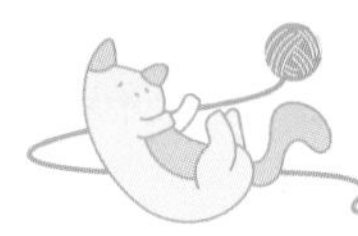

고양이의 치유 효과

고양이에게는 치유의 효과가 있다고 합니다.

연구에 의하면, 우리 사람은 부드러운 것을 쓰다듬을 때 뇌에서 '옥시토신'이라는 호르몬이 분비됩니다. 옥시토신은 심신을 안정시키는 호르몬으로 '행복의 호르몬' 중 하나로 불리기도 합니다. 또한, 적절한 수의 고양이를 키우며 '고양이 집사로서' 고양이의 쾌적한 생활을 도와주는 것은 '내가 할 수 있는 일이 있다'라는 긍정적인 생각으로 이어집니다.

그리고 무엇보다도 고양이들끼리 놀거나 서로를 그루밍해 주는 사랑스러운 모습과 행동은, 보는 사람의 마음에 그저 한없는 힐링을 줍니다.

고양이에게 있어서 보호자란

반대로 고양이에게 보호자는 어떤 존재일까요?

결론부터 말하면 고양이는 사람처럼 말을 할 수 없으니 '고양이의 기분은 고양이밖에 모른다'라고 말할 수 있을 것입니다. 다만 여러 가지 설이 있으며, 한 가지 예로 영국의 동물학자 존 브래드쇼(John Bradshaw)는 사람을 대하는 고양이의 행동이 다른 고양이에게 대하는 행동과 크게 다르지 않기 때문에 자기 보호자 역시 그저 몸집 큰 고양이로 생각한다고 말했습니다.

한 가지 확실하게 말할 수 있는 것은 고양이와 사람과의 관계는 오랜 역사를 통해 함께해 왔다는 것을 알 수 있습니다. 해외의 유적에서는 최소 9500년 전부터 고양이와 사람이 함께 생활했다는 것이 밝혀졌습니다. 산고양이(들고양이) 혹은 사자와 호랑이도 고양이과의 동물이지만 그들은 완전한 자연환경에서 생활하고 있습니다. 한편, 집고양이(일반적으로 가정에서 양육되고 있는 고양이)에게는 사람 곁에서 생활하는 것이 자연스러운 환경이라고 할 수 있습니다.

양육두수(飼育頭数)의 증가

코로나19의 영향으로 집에서 보내는 시간이 늘어난 것도 영향이 있을 것입니다. 고양이 양육두수가 늘고 있습니다. 일본펫푸드협회가 정리한 데이터에 의하면 2021년 일본의 양육두수는 894만 6천 마리이며, 이것은 반려견 710만 6천 마리보다 많은 수치입니다. 양육두수의 증감을 보면 코로나19 이전인 2018년의 884만 9천 마리보다 9만 마리 이상 늘었습니다.

또한, 다묘양육에 관해서도 일반적으로 여러 마리의 반려묘를 키우는 보호자도 늘어나 고양이를 키우는 보호자의 3명당 1명은 다묘양육을 하고 있다고 알려져 있습니다.

2마리도 다두(묘)양육

원래 다두(묘)양육이란 말의 뜻은 같은 종류(혹은 비슷한 종류)의 동물 여러 마리를 키우는 것을 의미합니다. 구체적인 수로는 정해져 있지 않지만, 기본적으로 2마리도 다두(묘)양육에 해당됩니다(*이하 고양이 다두양육을 다묘양육이라 하겠습니다).

보호묘시설의 증가

보호자 없이 유기되어 일시적으로 보호된 고양이를 '보호묘'라고 말하며 이런 보호묘를 케어하고 관리하는 시설을 '보호묘시설'이라고 합니다. 보호묘시설은 '보호묘 쉘터'라고도 불리며, 구체적으로는 각 지자체의 보건소와 동물보호소 또는 동물보호센터, 비영리법인 등에서 운영하며 그 수도 늘어나고 있습니다.

보호묘시설은 고양이와 이상적인(적합한) 보호자를 연결해주는 장소이며, 특히 최근에는 보호묘시설에서 새로운 고양이를 입양하는 경우가 늘고 있습니다.

POINT

- 고양이는 보호자에게 힐링이 된다고 알려져 있다.
- 고양이 양육두수가 늘고 있다.
- 보호묘 시설이 늘고 있어, 그곳에서 새롭게 입양하는 사람도 많다.

알아두면 좋은 고양이 정보(고양이와 현대사회)

03 많은 고양이와 함께 지내고 싶지만…

고양이의 다묘양육을 정하기 전에, 귀엽고 사랑스러운 나의 고양이의 삶의 질 유지가 가능할지를 확실하게 생각한다.

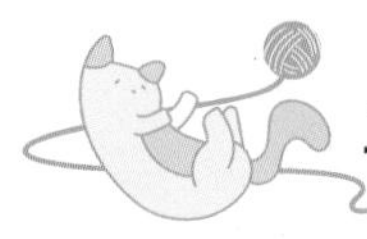

고양이의 QOL(Quality of Life)

'QOL'이란 'Quality of Life'의 약자로, 직역하면 '삶의 질', '생활의 질'이란 의미입니다.

QOL은 삶의 만족도를 나타내는 지표의 하나로, 여기에는 종합적인 활력, 행복감을 뜻하는 의미가 내포되어 있습니다. 인간 의료계에서, 건강상 문제를 지니고 있는 사람이나 고령자 등을 대상으로 자주 사용하는 단어입니다만, 그 의미를 생각해보면, 고양이의 보호자에게도 귀엽고 사랑스러운 나의 고양이에게 가능한 한 'QOL이 높은 삶'을 영위할 수 있도록 하는 책임이 있다고 말할 수 있습니다.

또한 다묘양육에서 고려되는 '고양이가 다른 고양이와 같이 사는 것이 더 행복할까?'라는 의문에 관해서는 다양한 의견이 있지만, 적어도 혼자 있기를 좋아하는 개체가 있다는 것은 분명합니다. 고양이 다묘양육은 개성을 제대로 파악하고 고려하여 결정해야 합니다.

고양이의 QOL 요소

고양이의 QOL에 영향을 미치는 요소로는 다음과 같습니다.

- 마음의 스트레스가 없는 삶
- 신체적인 고통이 없는 삶
- 영양이 충분하고 맛있는 식사
- 좋아하는 보호자와 함께 보내는 시간
- 안심하고 잠잘 수 있는 환경
- 편안하고 차분해지는 장소

다두양육붕괴

최근 펫문화에서 '다두양육붕괴'가 사회적인 문제로 대두되고 있습니다. 다두양육붕괴란 반려동물의 수가 QOL을 유지할 수 없을 정도로 늘고, 경제적으로도 파탄되어 반려동물을 양육할 수 없게 되는 상황을 일컫는 단어입니다. 고양이는 번식력이 강한 동물로 반려동물 중에서도 고양이가 문제가 되는 경우도 적지 않습니다.

다두양육붕괴를 일으키는 경우, 주거 주변의 이웃에게는 물론 나아가서는 지자체에도 피해를 끼치며, 이러한 경우가 증가하면 이윽고 머지않아 고양이를 대하는 사회의 시선도 부정적으로 변할 가능성도 있습니다. 따라서 지금 다묘양육을 고려하고 있다면, 이런 문제에 대하여 충분히 인지해야 합니다.

애니멀 호더

미국에서는 다두양육붕괴와 비슷한 열악다두양육자를 'Animal Hoarder(애니멀 호더)'라고 부릅니다. Hoarder는 물건을 버리지 못하고 모아두기만 하는 정신적 병이 있는 사람을 지칭하는 용어입니다. 애니멀 호더의 특징으로는 '다수의 동물을 양육하고 있음', '동물에게 최소한의 영양과 위생 상태, 동물 의료를 제공하지 못함', '동물의 상태 악화에 대응 불가능', '환경 악화에 대응 불가능', '본인과 동거인의 건강과 행복에 마이너스 효과가 생기는 것에 대응 불가능' 등을 들 수 있습니다.

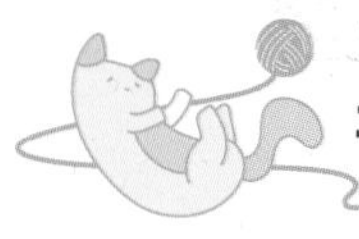

길고양이와의 관계

고양이를 좋아하는 고양이 집사에게는 길고양이도 이쁘고 사랑스럽긴 마찬가지입니다. 다만 길고양이의 수가 너무 늘어나면 지역문제가 되는 경우가 있습니다. 각 지자체에 따라서는 먹이주기 금지 제도가 있는 경우도 있으니, 귀엽다는 이유만으로 길에서 만난 길고양이에게 먹이나 간식을 주지 않도록 합시다. 이와 더불어 귀 끝에 인위적으로 약간 잘린 표시가 있는 고양이는 개체 수가 늘지 않도록 보호단체에 의해 중성화 수술을 완료한 고양이입니다.

고양이 귀 끝이 v자 형태로 약간 잘려 있는 표시는 중성화 수술을 했다는 증표. 그 귀는 벚꽃잎 모양과 같아서, 자른 표시가 있는 고양이는 '사쿠라네코(さくらねこ, 벚꽃고양이)'라고도 불린다.

POINT

- 다묘양육을 결정하기 전에 고양이의 삶의 질을 고려한다.
- 무례한 다묘양육은 사회문제가 되고 있다.

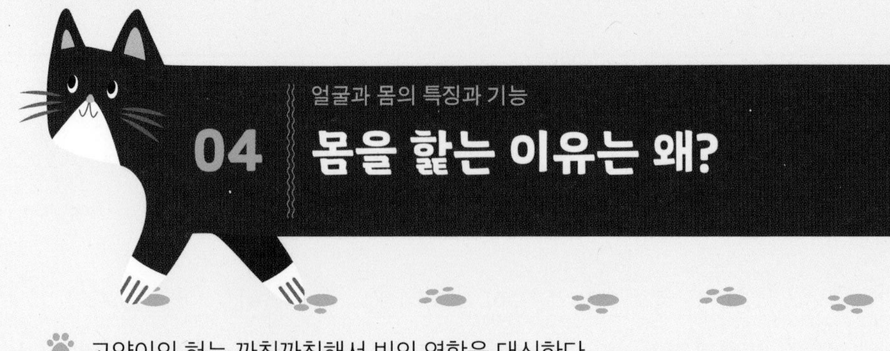

얼굴과 몸의 특징과 기능

04 몸을 핥는 이유는 왜?

고양이의 혀는 까칠까칠해서 빗의 역할을 대신한다.
서로의 몸을 혀로 핥아주는 것은 신뢰의 증표이다.

얼굴의 특징과 기능

고양이는 사람과는 다른 독특한 신체적 특징과 기능을 가지고 있습니다. 이러한 특징을 알아두는 것은 고양이와 행복하게 생활하는 데 중요한 역할을 합니다. 여기서는 신체적인 특징을 소개합니다. 그중 하나는 고양이 혀로, 고양이의 혀는 까칠까칠하게 되어 있습니다. 그래서 고양이가 자기 몸의 털을 핥는 것은, 빗 대신에 혀로 그루밍(털 손질)을 하고 있는 것입니다.

눈

눈 색깔에는 녹색, 노랑색 등 여러 가지의 색이 있다. 사람에 비하여 멀리 있는 것은 잘 보이나, 가까운 곳은 보기 어렵다. 어두운 곳에서는 잘 보지만, 색깔은 잘 구별하기 어렵다.

귀

귀는 소리가 나는 방향으로 움직일 수 있다. 청력이 뛰어나 개의 2배, 사람의 6~10배 뛰어나다고 알려져 있다.

수염

'자세 밸런스 잡기', '좁은 곳을 통과할 수 있을지 없을지를 판단하기' 등의 역할을 한다. 보호자는 수염을 자르지 않도록 주의해야 한다.

입

혀는 까칠까칠하다. 이는 먹잇감의 살점을 잘라내기 위함으로 알려져 있고, 그루밍에도 이용한다. 이빨은 날카롭다.

코

적당하게 촉촉함을 유지하고 있다. 개 정도만큼은 아니지만 후각도 뛰어나다. (냄새를 맡는 능력은 사람보다 뛰어나다고 알려져 있다.)

몸의 특징과 기능

고양이는 신체 능력이 뛰어나 높은 곳으로 뛰어오른다든지 반대로 높은 곳에서 아래로 뛰어내릴 수 있습니다. 다묘양육에서는 사랑하는 나의 모든 고양이들이 충분히 운동할 수 있도록 높낮이를 생각하여 생활 환경을 만드는 것이 핵심 중 하나입니다.

체형

유연하고 근육이 발달되어 있다. 운동능력이 뛰어나고, 높이로 치면 1.5~2m 정도 점프가 가능하다.

발톱

갓 태어났을 때에는 발톱이 밖으로 나와 있지만 얼마 안 있어 곧 자유자재로 발톱을 뺐다 넣었다 할 수 있게 된다. 발톱 개수는 앞발에 좌우 5개씩, 뒷발에 좌우 4개씩 있다(개체에 따라서는 이보다 많은 경우도 있다). 특히 다묘양육에 있어서는 다른 고양이에게 상처를 입히지 않도록 보호자가 발톱을 깎아 주는 것이 기본이다.

꼬리

품종과 개체에 따라 길이와 굵기, 형태가 다양하다. 자유롭게 움직일 수가 있어 점프와 착지 시에 밸런스를 잡는 데 큰 역할을 한다고 알려져 있다. 또한 태어날 때부터 꼬리가 구부러져 있는 상태를 '열쇠꼬리'라 하며 '열쇠꼬리는 복을 가져다준다'라는 속설도 있다.

떨어져도 몸의 밸런스를 바로잡는다

고양이는 높은 곳에서 떨어져도 순간적으로 몸의 균형을 잡아 무사히 착지합니다. 그렇다면 어느 정도의 높이여야 떨어져도 괜찮을까요? 대략 6~7m 정도의 높이라면 다치지 않는다고 알려져 있습니다. 다만 실내에서도 '높은 곳에 올라가기는 했지만 내려오지 못하는' 경우를 자주 볼 수 있습니다. 역시나 안전하며 고양이에게 스트레스를 주지 않는 환경을 만드는 것이 무엇보다 중요하겠습니다.

서로 핥아주는 행동은 신뢰하고 있다는 증거

다묘양육을 하다 보면 고양이들끼리 서로 핥아주는 행동을 자주 보게 됩니다. 자신의 털을 핥으며 가다듬는 것을 '셀프 그루밍'이라고 하는 반면, 서로 핥아주는 것을 '알로 그루밍'이라고 합니다.

알로(allo, 同種) 그루밍은 서로를 신뢰하고 있다는 증거입니다. 고양이들끼리의 사이좋음을 측정할 수 있는 바로미터라고 할 수 있습니다.

- 고양이에 대해 심도 있게 알아가는 것은 고양이와의 행복한 삶을 누리는 데 도움이 된다.
- 고양이는 까칠까칠한 혀를 그루밍에 사용하는 등 사람과는 다른 신체 특징과 기능을 지니고 있다.

고양이의 생태

05 고양이는 몇 살까지 살 수 있을까?

고양이의 평균 수명은 약 16세 정도이다. 보호자는 마지막까지 함께한다는 책임감을 가지고, 키우기 전에 미리 자기 생활의 변화를 고려해야 한다.

고양이의 성장 단계

고양이의 입장에서 다묘양육은 어떨까요? 여기에서는 다묘양육과 관련된 고양이의 생태를 소개합니다.

먼저 고양이의 성장 단계에 대해 살펴보면, 일반적으로 고양이는 태어나서 최초 1년간 사람으로 치면 18세에 해당하는 성장을 합니다.

2세 때는 벌써 사람의 24세에 달합니다. 또한 실내에서 생활하는 고양이의 수명은 평균 16세 정도입니다.

다묘양육으로 새로운 고양이를 입양하는 경우, 성장 단계에 따른 궁합(케미)의 경향이 있으므로, 고양이의 성장 단계를 잘 이해해 둡시다.

또한 보호자는 키우던 고양이와 끝까지 함께하는 것이 기본이며, 결혼이나 이사 등 자신의 인생의 변화를 고려하여 새로운 고양이를 맞이하는 것이 매우 중요합니다.

➡ 성장 단계별 고양이들의 궁합에 관한 자세한 정보는 69페이지

고양이와 사람과의 연령 비교

고양이 연령	해당하는 사람 나이
1개월	4세
2개월	8세
3개월	10세
6개월	14세
9개월	16세
1세	18세
2세	24세
3세	28세

고양이 연령	해당하는 사람 나이
4세	32세
5세	36세
6세	40세
7세	44세
8세	48세
9세	52세
10세	56세
11세	60세

고양이 연령	해당하는 사람 나이
12세	64세
13세	68세
14세	72세
15세	76세
16세	80세

실내에서 기르는 고양이의 일반적인 평균 수명은 16세(사람 나이로는 80세)이며, 이후 1년마다 사람 나이로 네 살씩 먹습니다.

수컷과 암컷과 차이

우리 사람들과 같이 고양이의 성격에도 제각각 개성이 있습니다. 그러므로 어디까지나 일반적인 경향이 되겠습니다만, 고양이의 수컷과 암컷에는 다음과 같은 차이가 있다고 알려져 있습니다.

[신체적 차이]

- 수컷은 암컷보다 몸집이 크고 체중도 많이 나간다.

[성격의 차이]

- 수컷은 활발한 반면 어리광이 많다. 암컷은 점잖고 어른스러운 성격의 고양이가 많다.

[행동의 차이]

- 발정기 때 중성화 수술을 하지 않은 수컷은 '스프레이 행위'를 하고, 중성화 수술을 하지 않은 암컷은 '발정기 울음'이라 불리는 특유의 울음소리를 낸다.

➡ 스프레이 행위의 자세한 정보는 25페이지

활동적인 시간대

고양이는 일본어 발음으로 neko로 불리는데, 고양이의 어원이 '잠자는 아이(寢子, neko)'라는 설이 있을 정도로 잠을 많이 자는 동물입니다. 성묘는 하루에 평균 16시간, 자묘는 20시간 정도 잠자는 것으로 알려져 있습니다.

그렇다면 고양이는 언제 활동할까요? 고양이는 주행성, 야행성 모두 아닙니다. 고양이는 일출과 일몰 무렵 전후로 약간 어두운 시간, 희미하게 밝은 시간대에 움직이는 동물로, '박명박모성(薄明薄暮性) 동물'로 불립니다.

단, 특별히 사람과 함께 생활하고 있는 고양이는 생활 패턴을 보호자에게 맞추는 경우가 많고, 특히 보호자가 '박명박모성 동물'이라는 것을 의식하지 않아도, 고양이에게 스트레스가 되는 경우는 거의 없습니다.

POINT

- 고양이는 사람보다 성장이 빠르고, 평균 수명은 대략 16세 정도이다.
- 고양이는 수컷과 암컷의 성격이 다르며 암컷이 온순한 경우가 많다.
- 길고양이는 해 뜰 무렵과 해 질 무렵 전후로 활발히 활동한다.

고양이의 행동 패턴

06 고양이는 집단행동이 특기?

원래 고양이는 먹이를 단독으로 지키는 동물로, 무리 지어 행동하는 것보다 단독행동을 좋아하는 경향이 있다.

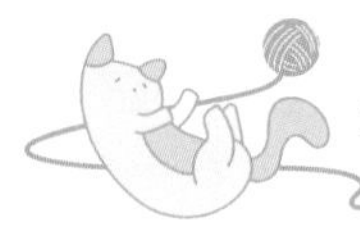

집단행동과 단독행동

고양이의 본래 행동 패턴을 고려했을 때, 원래 집단행동을 하며 무리로 생활한다면 다묘양육이 더 자연스러운 환경에 가깝다고 볼 수 있겠습니다.

이 주제와 관련하여 길고양이를 보면 수컷은 단독행동을, 암컷은 집단행동을 하는 경우가 많습니다. 다만, 이것은 고양이의 개성과 먹이 등의 환경에 따른 차이도 있고, 암컷이라 하더라도 단독행동을 좋아하는 개체도 있습니다.

또한, 무리 속에서 함께 생활을 한다고 해도, 계속 항상 같이 있는 것이 아닌, 대부분의 시간은 각자의 먹이를 찾아 개별적으로 행동하고 있습니다.

한편 들개들은 집단으로 먹이를 지키는 경우도 있어, 고양이를 개와 비교한다면 고양이는 단독행동을 좋아하는 동물이라고 말할 수 있겠습니다.

자묘(仔猫)의 집단행동

어떤 성격의 고양이일지라도 집단으로 생활하는 시기가 있습니다. 이는 새끼 고양이일 때로, 길고양이는 태어나서 3개월에서 1년까지는 어미 고양이, 그리고 함께 태어난 형제들과 함께 생활하게 됩니다. 한편, 일반적으로 아빠 고양이는 새끼 고양이를 돌보지 않는 것으로 알려져 있습니다.

들고양이는 단독행동을 한다

길고양이보다 더욱 사람의 손길이 닿지 않는 자연 환경에서 살고 있는 들고양이는, 기본적으로 자기의 영역을 확보하고 단독으로 생활하고 있습니다. 다만, 같은 과에 속하는 사자는 자연 환경에서는 수컷 한 마리당 다수의 암컷이 함께 무리 지어 생활하고 있습니다.

영역

고양이는 영역을 가진 동물입니다. 예를 들어 길고양이의 경우 반경 50m~2km 정도의 영역을 가진 것으로 알려져 있습니다. 먹이를 찾아 활동하기 때문에 먹이가 풍부한 경우에는 행동 범위가 좁아지고, 부족할 경우에는 넓어집니다.

실내에서 기르는 고양이는 자주 집 안을 순찰하는데 이는 집 안을 자기 영역으로 여겨 자기 영역 내부의 안전을 확인하는 것으로 알려져 있습니다.

집 영역(홈 테리토리)과 사냥 영역(헌팅 테리토리)

고양이의 영역과 관련하여 '홈 테리토리(home territory)'라는 말이 있습니다. 아직은 신조어로 사람에 따라서는 해석이 다른 경우도 있지만, 일반적으로 고양이의 잠자리로서 생활의 거점이 되는 장소를 홈 테리토리라고 말합니다. 그에 반하여 먹이를 찾아서 이동하는 보다 넓은 범위를 '헌팅 테리토리(hunting territory)'라고 합니다. 실내 양육의 경우, 창문 주변과 소파 주변 등 고양이가 좋아하는 장소와 잠자리, 밥을 먹는 곳 등 자주 있는 곳을 홈 테리토리라고 표현하는 경우도 있어 고양이에 따라서는 아무리 같이 생활하고 있는 고양이라 하더라도 이렇게 정한 장소에 다른 고양이가 들어오는 것을 싫어하는 경우가 있습니다.

스프레이 행위란

'스프레이 행위'란 기억해 두어야 할 단어 중 하나입니다. 고양이는 진한 농도의 오줌을 벽 같은 곳에 뿌리는 행동을 하는데, 이를 스프레이 행위라고 합니다. 이는 자기 영역을 어필하는 마킹 행위의 일종으로, 특히 중성화하지 않은 수컷에게서 흔히 볼 수 있습니다. 스프레이 행위는 중성화 수술을 하고 나면 대부분 하지 않지만, 간혹 중성화 수술을 마친 수컷과 암컷이 여전히 스프레이 행위를 하는 경우도 있습니다.

- 고양이는 단독행위를 좋아하는 경향이 있다.
- 고양이는 영역을 지니고 있으며, 자기 영역 내에 다른 고양이가 침범하는 것을 싫어하는 고양이도 있다.

고양이의 종류

07 종에 따라 양육 용이성과 관계가 있나?

고양이는 여러 품종과 타입으로 나뉘며 몸 크기와 털 길이는 적절한 양육에 관련되는 경우도 있다.

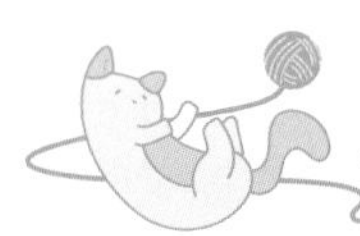

고양이의 품종

품종에 따라 크기가 달라도 그 차이가 크지 않아 개만큼 주목을 받지는 않지만, 고양이에게도 여러 품종이 있습니다. 그중에는 다리 길이와 꼬리 모양 등이 품종의 특징이 되는 경우도 있습니다.

또한 고양이의 품종 외에도 '삼색고양이'와 '열쇠꼬리(16페이지 참고)'처럼 외형으로 특징을 나타내는 단어도 있습니다. 피모(몸에서 자라나는 털)의 길이처럼 품종의 특징이 양육의 핵심이 되는 경우도 있으며, 특징을 나타내는 말을 알아 두면 고양이를 찾을 때에 단어만으로도 어느 정도의 이미지를 파악할 수 있습니다.

품종별 특징

품종별로 정해진 규정(혈통)을 지키기 위하여 교배되어 태어난 묘종을 '순수혈통'이라고 합니다. 바꿔 말하면, 혈통서가 있는 경우가 순수혈통으로, 세계 최대 규모의 고양이 순수혈통 등록기관인 CFA에는 40종 이상의 고양이 종이 등록되어 있습니다. 그리고 서로 다른 종의 부모 고양이로부터 태어난 고양이를 '잡종'이라고 합니다. 순수혈통에서는 스코티시 폴드 등이 인기입니다.

[인기 있는 순수혈통과 특징]

▶ **스코티시 폴드**: 앞으로 접힌 귀가 특징(접혀 있지 않은 개체도 있음), 온순한 성격의 개체가 많다.

▶ **먼치킨**: 다리가 짧은 종. 귀여운 걸음걸이로 활발히 움직인다.

▶ **아메리칸쇼트헤어**: 통칭 '아메쇼', 털색이 풍부하고, 성격은 자립심이 강한 개체가 많다.

고양이 타입

여기에서는 다묘양육에 관련된 내용을 중심으로 다양한 고양이 유형을 소개하겠습니다.

먼저 고양이의 털 길이에 따라 털이 긴 고양이를 '장모종', 짧은 고양이를 '단모종'이라고 합니다.

일반적으로 장모종보다 단모종이 브러싱 등 털 관리에도 간편하며 빠지는 털도 적은 것으로 알려져 있습니다.

몸의 크기

고양이 종과 개체에 따라 성묘가 되었을 때의 몸의 크기가 다릅니다. 일반적으로 고양이는 암컷보다 수컷이 몸집이 크고, 성묘 체중은 대략 3~5kg 정도입니다. 다만, 2kg 정도 되는 고양이도 있고 8kg까지도 나가는 대형 고양이도 있습니다. 사이즈가 큰 고양이는 양육 공간이 넓은 것이 좋고, 캣타워 등의 올라가는 기구도 튼튼하게 만든 것이 적합합니다.

묘종 중에서는 '메인쿤'과 '노르웨이숲고양이(노르웨지안포레스트캣)'가 대형 품종으로 알려져 있습니다. 또한 크기는 유전되는 경우가 많아, 부모 고양이가 크면 새끼 고양이도 커지는 경향이 있습니다.

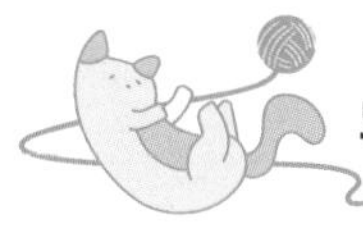

특징을 나타내는 단어

고양이의 특징을 나타내는 용어로 특히 자주 사용되는 것이 털의 색과 무늬로 표현하는 것입니다. 자주 듣는 '삼색이(삼모묘, 三毛猫)'는 검정색, 갈색, 흰색의 털이 섞인 3색 계열의 고양이를 말하지만, 엄밀히 말하면 고양이 품종을 일컫는 말은 아닙니다. 예를 들면 스코티시폴드에도 삼색이가 있습니다.

[대표적인 털의 색과 모양]

- ▶ **삼색이**: 검정색, 갈색, 흰색의 3색 피모의 고양이로, '캬리코(キャリコ)'라고도 한다. 기본적으로 암컷이다.
- ▶ **솔리드 컬러**: 전신의 피모가 균일한 색으로 무늬 모양이 없는 것.
- ▶ **태비**: 전신의 피모에 줄무늬가 있는 것.

'태비'는 줄무늬를 말한다.

POINT

- 고양이에게도 여러 품종이 있고, 몸 크기나 털 길이 등의 개체차가 있다.
- 신체적인 특징에 따라 더욱 적절한 양육 방법에 관련된 경우도 있다.

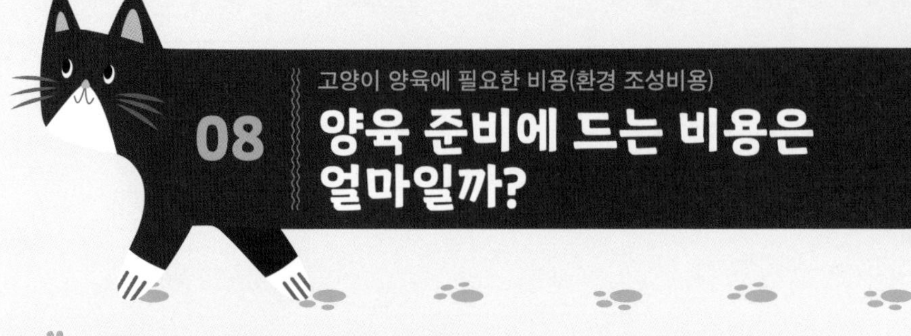

고양이 양육에 필요한 비용(환경 조성비용)

08 양육 준비에 드는 비용은 얼마일까?

귀엽고 사랑스러운 고양이가 행복하게 살 수 있도록 환경을 조성해 주는 비용이 필요하다. 양육을 결정하기 전에 경제적인 면도 고려해야 한다.

입양 비용

새로운 고양이를 입양해 오기 전에 현실적인 문제로서 고양이를 키우는 데 필요한 비용을 알아 두는 것이 중요합니다. 고양이 양육에는 비용이 들어가므로, '고양이가 좋아'라는 마음만으로는 고양이와 행복하게 지낼 수 없습니다.

먼저 입양 방법은 54페이지에서 자세히 설명해 놓았습니다만, 펫숍과 브리더(Breeder)에게서 입양하는 경우, 그리고 최근 늘고 있는 보호묘시설(동물보호소)에서 입양하는 경우, 3~6만 엔 정도의 비용이 듭니다(시설마다 다릅니다).

한편, 영리 목적으로 동물을 판매하는 경우에는 '자격증'이 필요하고 자격증이 없는 사람은 판매가 금지되어 있습니다.

➡ 고양이 입양 방법에 대한 상세한 정보는 54페이지

보호묘시설에서 입양하는 비용

보호묘 활동에는 비용이 들게 됩니다. 상황에 따라 다르기는 하지만, 한 가지 예로 길에서 어린 길고양이를 발견해 보호시설로 데려와 보호하게 될 경우를 소개하면, 먼저 중성화 수술과 백신접종 등 초기 의료비로 2만 엔 정도가 들게 됩니다. 여기에 매일매일 사료비가 들며, 시설 임대료 및 공과금 등도 고려하면 대략 1마리당 월 3만 엔 정도의 비용이 발생합니다. '국가에서 보조금을 받지 않나'라고 생각하는 분도 많겠지만, 실제로는 그렇지 않습니다. 직원들은 자원봉사로 일하고 있으며 경제적으로 어려움을 겪고 있는 곳이 많아, 양도 시에 받는 비용도 대부분 그대로 시설 운영비에 활용되고 있는 상황입니다.

양육 환경을 만드는 데 필요한 비용

사랑스러운 고양이와 생활하는 데에는 고양이가 스트레스 없이 생활할 수 있는 환경을 마련할 필요가 있고, 이를 위해 비용도 들게 됩니다.

다묘양육에서는 여러 마리의 고양이가 공유할 수 있는 물품이 있고 공유할 수 없는 물품이 있어, 공유할 수 없는 물품은 새로 구입해야 합니다. 공유할 수 있는 물품과 공유할 수 없는 물품의 기준은 양육 방식에 따라 다르기도 합니다. 예를 들면, 사료를 줄 때는 개별적으로 주는 것이 좋다고 생각하는 것이 일반적입니다만, 공간적인 문제로 '밥그릇한 개로 모두가 공유'하는 방식으로 양육하고 있는 베테랑 보호자도 있습니다.

고양이 양육에 필요한 용품과 대략적인 금액

필요도	항목	포인트	금액(엔)
반드시 필요	밥그릇	• 다묘양육에서는 각각의 개체수만큼 준비하는 베테랑 보호자가 적지 않다. • 100엔숍에서도 구입 가능.	100엔~
	물통	• 100엔숍에서도 구입 가능.	100엔~
	화장실	• 화장실의 개수는 '양육 두수+1'이 기본으로 여겨진다.	1,000엔~
	스크래처	• 고양이의 QOL을 유지하기 위한 필수품. • 다묘양육에서는 공용으로 사용하는 경우가 많다.	800엔~
	캐리어 케이스	• 동물병원 등으로 이동할 때는 물론, 평상시 잠자리로 사용하는 것도 좋다. • 다묘양육 시에는 개체 수만큼 있는 것이 좋다.	3,000엔~
대부분 경우에 필요	캣타워	• 특히 다묘양육에서는 운동부족을 해소하기 위해 매우 필요하다.	4,000엔~
	케이지	• 3단 등의 높이가 있는 것이 시판되고 있다. • 특히 다묘양육에서는 고양이들끼리 서로 떼어놓아야 할 때가 있기 때문에 매우 필요하다.	6,000엔~
	탈주 방지문	• 특히 다묘양육에서는 한 마리를 돌보는 사이 다른 한 마리가 탈주해 버리는 경우가 있어 매우 필요하다.	5,000엔~

상황에 맞춰 준비하는 것이 좋음	침대	• 고양이용 침대로 판매되고 있는 것 이외에 쿠션이나 방석을 고양이 침대로 사용해도 좋다.	2,000엔~
	그루밍 용품	• 매우 많은 종류가 판매되고 있으며, 가격은 용품에 따라 많이 다르다. • 여러 가지 타입이 있으며 고양이에 따라 적절한 것이 다른 경우도 있다.	700엔~
	장난감	• 고양이마다 잘 가지고 노는 장난감과 그렇지 않은 장난감이 있다. • 100엔숍에서 판매하고 있는 물품도 있다.	100엔~
	목걸이	• 만약 탈주해 버린 경우라도 내 고양이인지 아닌지 바로 알아볼 수 있다.	600엔~

• 고양이를 양육하기 위해서는 환경을 갖추어야 하며, 이를 위한 비용이 든다.
• 새로운 고양이를 입양받기 전에, 자신의 경제적인 면을 신중하게 고려해야 한다.

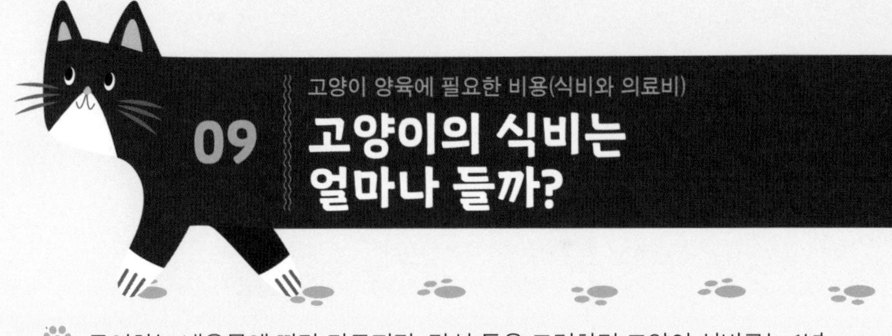

고양이 양육에 필요한 비용(식비와 의료비)

09 고양이의 식비는 얼마나 들까?

급여하는 내용물에 따라 다르지만, 간식 등을 고려하면 고양이 식비로는 1년에 약 3~6만 엔 정도 든다.

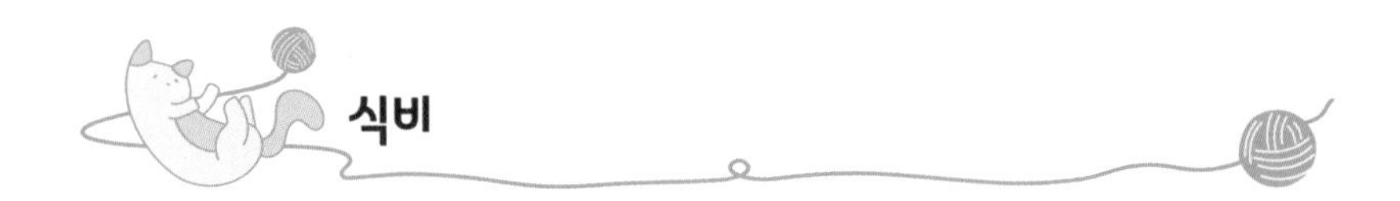

식비

기본적으로 고양이 양육에서 가장 많이 들어가는 비용은 식비입니다.

사료 종류와 고양이의 평소 식사량에 따라 다르지만, 예를 들어 만약 2kg에 2,000엔 정도인 건사료를 하루에 50g씩 먹는다면, 추정되는 하루당 식비는 약 50엔, 한 달이면 1,500엔 정도가 됩니다. 그리고 고양이 식사로는 건식 사료 외에도 가끔 간식과 습식 사료를 주는 것이 일반적이어서, 후자의 경우 비용이 더 드는 경향이 있습니다. 예를 들어, 최근 인기 있는 소분된 스틱타입의 페이스트형 간식이 한 봉에 약 40엔 정도, 캔 타입의 습식 사료가 한 병에 80엔 이상 됩니다.

고양이의 1년 식비

도쿄도복지보건국이 집계한 자료(2017년도)에 의하면 고양이의 식비로 연간 '3~6만 엔 미만' 소비한다는 답변이 고양이를 기르는 양육가정의 31.3%로 가장 많았고, 다음으로 '1~3만 엔 미만'이 28.0%, '6~10만 엔 미만'이 1.4%를 차지했습니다.

적어도 고양이 1마리당 한 달 평균 사료비는 대략 2,000엔 정도, 1년에는 24,000엔 정도 들 것으로 예상하면 적정합니다.

처방식이 필요한 경우도…

새로 입양한 고양이가 새끼인 경우에는 새끼 고양이용 사료를 주어야 합니다. 만약 어떤 사정 때문에 이유식을 시작하기 전인 새끼 고양이를 입양했다면, 포유 젖병과 새끼 고양이용 우유를 준비합니다(둘 다 판매하고 있습니다). 그리고 건강상의 문제를 지니고 있는 고양이는 처방식을 주어야 하는 경우가 있어, 그만큼 비용이 더 듭니다.

식비 이외의 비용

식비 외로 드는 비용으로 빠뜨릴 수 없는 것이 의료비입니다. 일반적으로 의료비가 식비 다음으로 비용이 많이 든다고 알려져 있습니다.

먼저 고양이는 건강하게 지내고 있어도, 특정 감염병을 예방하기 위해 정기적으로 백신 접종을 하도록 권장되는데, 이 비용은 3,000~7,500엔 정도입니다. 물론, 병이나 부상이 생기면, 그에 따른 치료비가 들게 됩니다. 이 또한 도쿄도복지보건국에서 집계한 2017년 자료에 따르면 의료비로 연간 '1~3만 엔 미만' 지출한다는 답변이 고양이 보호자 전체의 32.7%로 가장 많았습니다.

고양이 모래에도 비용이 들어간다

이외에도 고양이 화장실용 모래도 정기적으로 구입해야 합니다. 화장실용 모래는, 대략적으로 합리적인 제품 기준 1개월에 1,000엔 정도입니다. 여기에 32페이지에 소개한 스크래처도 정기적으로 새로운 것으로 교체해야 합니다.

난방비도 추가적인 비용

고양이를 키우는 데 드는 비용 중 하나로 난방비도 고려해야 합니다. 지역과 양육 환경에 따라 다르겠지만 보호자가 없을 때에도 사랑스러운 고양이를 위해서 여름에는 냉방, 겨울에는 난방이 필요한 경우가 있으며, 그만큼 전기료가 발생합니다.

처음 1년간 들어가는 비용

고양이 양육에 소요되는 비용은 경우에 따라 달라서, 고양이의 건강 상태나 양육 환경, 양육 방식에 따라 많이 달라집니다. 아래에 소개하고 있는 내용은, 이미 현재 고양이 한 마리를 키우고 있는데 또 다른 성묘를 입양하는 경우를 소개하고 있습니다. 이것은 처음 1년간 드는 비용이므로, 예를 들어 10년 동안 양육한다면 사료비 등으로 1년에 8만 엔이 소비된다고 가정하여, 총 80만 엔의 비용이 발생하게 됩니다.

[새로운 고양이 1마리를 추가로 입양했을 경우 소요되는 비용]

※ 이미 한 마리를 키우고 있고 새롭게 다른 성묘를 입양하는 경우, 첫해에 드는 비용 예시

- 입양비= 40,000엔(보호묘시설로부터)
- 용품 구입비(밥그릇, 캐리어 케이스, 케이지 등) = 15,000엔
- 식비= 40,000엔(간식 등 포함)
- 의료비= 20,000엔
- 그 외= 20,000엔(고양이 모래, 스크래처 등)

합계 135,000엔

고양이 양육에 드는 비용은 '케이스 바이 케이스(case by case)'이지만, 대략적으로 계산해 보면 식비와 의료비로 1마리당 1년에 8만 엔 정도의 비용이 든다.

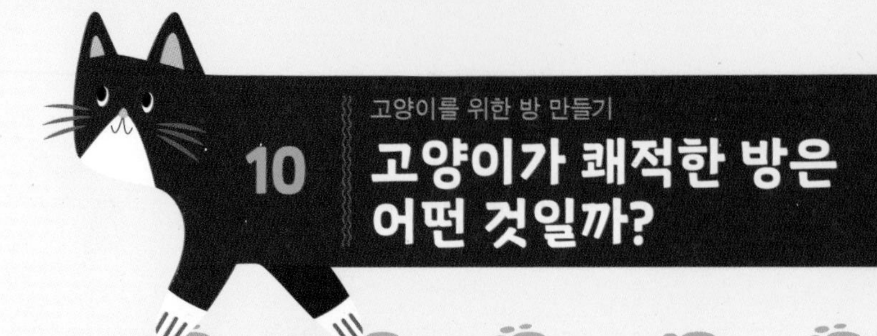

고양이를 위한 방 만들기

10 고양이가 쾌적한 방은 어떤 것일까?

고양이 화장실을 청결하게 유지하기, 전용 공간을 설계하기 등 고양이의 입장에서 생각하여 방을 만든다.

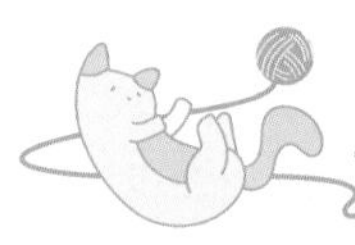

고양이에게 쾌적한 방 만들기

고양이에게 집 안은 일생 중 대부분의 시간을 보내는 중요한 공간입니다. 사랑스러운 고양이가 쾌적하게 생활할 수 있는 방을 만드는 것은 양육에서 빼놓을 수 없는 중요한 요소입니다.

여기 소개된 내용은 고양이에게 쾌적한 방 만들기의 기본으로, 외동묘양육과 다묘양육 모두에 공통적으로 적용되는 요소입니다. 다묘양육에서는 이 부분 외에도 더욱 신경 써야 할 사항들이 있습니다.

➡ 다묘양육의 쾌적한 방 만들기의 자세한 정보는 78페이지

[고양이가 쾌적하게 생활할 수 있는 방 만들기의 핵심]

① **화장실은 청결하게:** 화장실은 항상 청결하게 유지한다. 화장실과 식사 장소는 멀리 두는 것이 기본.

② **전용 공간을 설계한다:** 고양이용 침대와 케이지를 만들어 고양이가 편안하고 차분하게 쉴 수 있는 공간을 만든다.

③ **스크래처를 설치한다:** 고양이는 스크래치(scratch)를 하는 동물이므로 스크래치 용도의 물품을 방 안에 둔다.

④ **실온은 적정하게:** 고양이에게 적절한 실내 온도는 20~28도로 알려져 있다. 냉난방 기기를 이용해 가능한 한 이 온도(실온)를 유지한다.

⑤ **상하운동을 의식한다:** 고양이는 높은 곳을 좋아하며, 상하운동으로 운동부족을 해소한다. 이를 위한 캣타워 등을 설치한다.

주의해야 할 점

적절한 방 만들기에서 '일어나지 않도록 주의해야 하는 사항'이 있습니다. 예를 들어, 가전기기의 전기 코드가 부주의하게 방치되어 있으면 고양이가 물어뜯어 가전기기가 고장이 난다든지, 상황에 따라서는 고양이가 감전을 당할 수도 있습니다.

[방 만들기 시 주의사항]

① **전기 코드 관리**: 가전기기의 전기 코드는 문제 발생의 원인이 되기 때문에 '사용하지 않을 때는 정리해서 보관'하거나 '카펫 아래로 감추기' 등 철저히 관리한다.

② **관엽식물 관리**: 관엽식물 중에는 고양이에게 독성이 있는 종류도 있다. 관엽식물 판매처에 확인한 후 구입한다.

③ **인테리어 장식품 등의 고정**: 관엽식물을 포함해 집 안의 인테리어 장식품들이 고정되어 있지 않으면 고양이가 넘어뜨리는 경우가 있다. 큰 물건은 고양이가 올라타면 넘어져 부상을 입을 수도 있다. 넘어지지 않도록 확실히 고정해 두는 것이 기본이다.

실외에서 키우는 것은 옛날 방식

고양이 양육 방식으로, 예전에는 고양이를 실외에서 키우거나 혹은 자유롭게 산책시키는 방식도 있었습니다. 이러한 양육 방식은 일반적으로 '실외양육'이라 불립니다. 지역이나 보호자의 생활 방식에 따라 다르며, 지금도 실외에서 키우는 고양이는 있습니다. 다만, 사회의 변화에 따라 실내양육이 일반적인 양육 방식이 되어 가고 있습니다. 환경성이 조사한 「주택밀집지에서의 개와 고양이의 적절한 양육 가이드라인」에서는 주택밀집지의 고양이 양육에 대해 '고양이는 실내에서 기르는 것이 기본'이라고 명시되어 있습니다.

고양이에게 나무라지 않기

사랑스러운 고양이와 함께 행복하게 지내기 위해서는 기본적으로 '고양이를 우선'으로 생각해야 합니다. 예를 들어 나의 고양이가 중요한 물건을 떨어뜨려 깨트려 버렸다면, '또 말썽을 부리네…'라고 고양이를 나무라기보다는 '이런 곳에 물건을 두다니 내가 잘못했네'라고 생각합시다.

또한 고양이가 가까이 다가가지 않도록 하고 싶다면 시판 중인 기피제 '고양이 피하기 스프레이'를 활용하는 방법도 있습니다.

- '화장실을 청결하게 유지'하는 등 보호자는 고양이에게 쾌적한 방을 만들어 주는 데 심혈을 기울여야 한다.
- 전기 코드 등 문제가 될 수 있는 요소는 문제가 발생하기 전에 미리 대처해야 한다.

11 유기묘를 발견했다면

유기묘를 발견했다면 어떻게 하는 것이 좋을까?

고양이는 목줄(하네스)을 해야 할 의무가 없다.
먼저, 유기묘인지 아닌지 여부를 확실하게 확인한다.

유기묘라 생각된다면

예전에는 버려진 고양이가 많아 다묘양육을 시작하게 된 계기로 '버려진 고양이를 데리고 오면서부터'라는 이유를 드는 경우도 있었습니다. 환경성이 발표한 지방자치단체 등의 '유기묘 접수 건수의 추이'를 보면 1989년에는 약 34만 마리, 2020년에는 4만 5천 마리입니다. 이 수치만으로는 단언할 수 없지만 최근에는 버려지는 고양이 수가 줄어들고 있다고 말할 수 있습니다. 다만 버려지는 고양이가 완전히 없어지지는 않아, 고양이를 사랑하는 사람들은 버려진 고양이를 보면 그냥 방치할 수 없습니다. 버려진 고양이를 발견했을 때, 어떻게 대응하는 것이 좋을까요?

버려진 고양이 최초 대응

'버려진 고양이를 발견했다'라고 생각이 될 경우, 먼저 주의해야 할 점으로는 그 고양이가 정말 버려진 고양이인지를 확실히 확인하는 것입니다. 혹여라도 주변에서 생활하는 지역 고양이이거나 보호자가 있는 산책 중인 고양이, 혹은 길을 잃은 고양이일 수도 있습니다.

[버려진 고양이 판단 기준]

- ▶ **목걸이나 목줄의 유무**: 목걸이를 하고 있으면 보호자가 있는 고양이일 가능성이 높다. 하지만 목줄에 대해서는 보호자가 전신주 같은 곳에 묶어둔 채 버리는 경우도 있다.
- ▶ **고양이가 버려진 상황**: 특히 새끼 고양이는 기르던 보호자가 종이 박스에 넣어 버리는 경우가 적지 않다.
- ▶ **어미 고양이의 존재**: 발견했을 때 어느 정도 성장한 새끼 고양이라면, 먹이를 가져다준다든지, 위험으로부터 지켜주는 존재가 있는 것으로 간주된다. 즉, 이는 어미 고양이가 있어, 그대로도 성장할 수 있는 가능성이 있기 때문에 주변에 어미 고양이가 있는지 주변을 확인한다.
- ▶ **고양이의 건강 상태**: 털의 윤기가 좋고 건강하게 보인다면 보호자가 있는 고양이일 가능성이 높다. 하지만 많이 야위었고 확연히 건강이 안 좋아 보인다면 보호 대상이 될 수 있다.

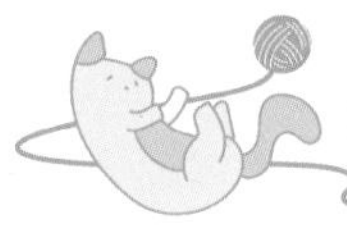

버려진 고양이를 발견했다면

기르던 고양이나 개를 버리는 행위는 동물애호관리법(동물보호법) 위반으로, '동물유기' 범죄에 해당되어 1년 이하의 징역이나 백만 엔 이하의 벌금에 처할 수 있습니다.

그런 의미로 버려진 고양이를 발견한다면 먼저 근처의 지역 경찰에 연락하는 것이 우선입니다. 만약 그 고양이가 길 잃은 고양이라면 이미 신고되어 있을 가능성도 있습니다.

그리고 '버려진 고양이처럼 보이진 않는데 부상을 입어 움직이지 못하는' 고양이를 발견했다면 지역의 동물보호센터(동물지도센터 등 지역에 따라서는 명칭이 다른 경우도 있다) 등에 연락을 하는 것이 좋습니다.

경찰에 연락한 후의 대응

경찰이 확인한 후의 적절한 대응은 상황에 따라 다릅니다.

만약 버려진 고양이를 보호하고자 하는 상황을 예로 든다면 경찰에 유기물 습득신고를 하고(일본에서는 법률상 고양이는 물건으로 취급됨) 지역 보건소, 혹은 동물보호센터에 연락합니다.

그곳에서 특별한 지시가 없으면, 가능한 한 빨리 동물병원에서 검진을 받습니다. 예를 들어, 보기에는 건강하게 보여도 문제가 있을 수 있으므로 검진은 필수입니다. 그 후에 연락한 보건소(동물보호센터)와 진료받았던 수의사와 상담하면서 고양이를 입양하게 됩니다.

개와 고양이의 다른 점

개는 조례로 '계류 의무'가 정해져 있는 경우가 많습니다. 탈주할 염려가 없도록, 사람에게 위협이 되지 않도록 계류(줄로 묶어 두는 것)해 놓아야 합니다. 그렇기 때문에 마을에서 혼자 걸어 다니는 개를 보면 길 잃은 개나 버려진 개일 가능성이 매우 높습니다. 하지만 고양이는 '계류 의무'가 없기 때문에 버려진 고양이인지 아닌지를 판단하기가 어렵습니다.

- 버려진 고양이를 발견했다면 먼저 정말로 버려진 고양이인지를 확실히 확인한다.
- 발견한 고양이가 버려진 고양이로 판단된다면 지역 경찰에 연락한다.

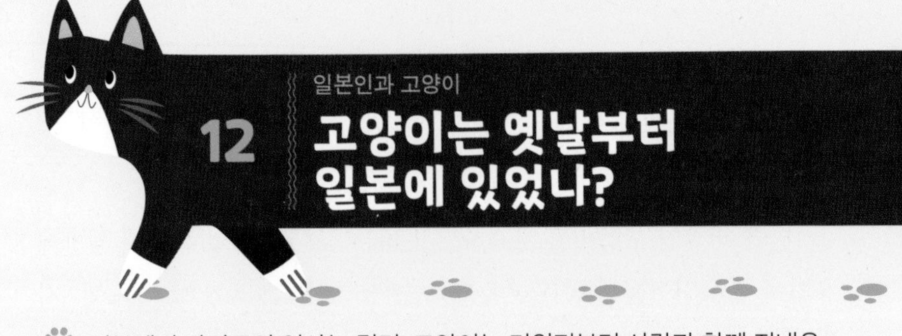

일본에서 반려묘의 역사는 길며, 고양이는 기원전부터 사람과 함께 지내온 것으로 여겨진다.

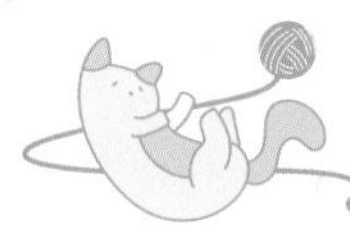

일본의 반려묘 역사

다른 나라와 비교해서 '특히 일본인은 고양이를 좋아한다'고 말할 수는 없습니다. 왜냐하면 고양이는 세계적으로도 사랑받고 있는 동물이기 때문입니다. 일본의 반려묘와 사람의 역사를 살펴보면, 처음에는 고양이가 일본인과 함께 생활하기 시작한 시기를 6~7세기 경으로 보았습니다. 이것이 2011년에 조사된 일본 나가사키현 이키시(長崎県壱岐市)의 카라카미 유적에서 반려묘의 것으로 보이는 뼈가 발굴되어 지금은 기원전 2세기 경부터 일본인이 고양이와 함께 생활하기 시작했다고 여겨지고 있습니다.

어떻게 해석하든, 일본인과 고양이와의 관계에는 오랜 역사가 있습니다. 현재도 애묘인들이 행복한 삶을 위해 다묘양육을 하려는 것은 어쩌면 자연스러운 발상일 수도 있겠습니다.

대표적인 일본의 고양이

고양이 종류에는 일본(Japan) 이름이 붙은 '재패니즈 밥테일'이라는 일본 원산지의 종이 있습니다. '재패니즈 밥테일'은 꼬리가 짧은 것이 특징 중 하나입니다. 다른 종으로 '일본묘'란 이름을 가진 고양이도 있는데, 이것은 아주 오래전부터 일본에서 살아온 고양이를 총칭합니다. 일본묘는 특정 묘종이 아니며, 혈통 개념으로는 일명 '믹스'입니다.

최근 자주 접하는 일반적인 '믹스'도 잡종을 뜻하는데, 일반적으로 '믹스'는 서로 다른 순수혈통종과의 교배로 태어난 고양이를 지칭합니다.

고양이는 행복을 부른다

고양이는 '행복을 부른다'라고 잘 알려져 있습니다. 일본에서는 장식품으로 '손님을 부르는 고양이(招き猫, 마네키네코)'가 널리 알려져 있는데, 그 유래로는 '그루밍하는 손짓이 복을 불러들인다'라는 설이 있습니다.

일본인과 고양이와의 역사는 길며, 오래전부터 함께 생활해 오고 있다.

새로운 고양이 입양 포인트

다묘양육을 하기로 결정했다면
다음은 고양이와의 만남입니다.
특히 최근에는 여러 만남의 장소가 있으므로,
여러 방법을 포함하여 검토합시다.
좋은 고양이를 만났다면, 입양하기 전에
식사나 같이 생활할 방을 준비해 둡니다.

다묘양육을 결정하기 전에

13 다묘양육을 할까 고민이 된다면…

사랑스러운 고양이가 늘게 되면 비용과 돌볼 시간 또한 늘어난다.
다묘양육을 시작하기 전에 확실하게 확인해보자.

고양이를 키우기로 결정하기 전에 생각해 두어야 할 요소

고양이는 그 무엇과도 견줄 수 없는 생명을 지니며, 고양이를 양육한다는 것은 소중한 가족이 늘어나는 것을 의미합니다. '미래의 일을 생각하지 않고, 귀여움에 반해 충동적으로 양육을 결정해 버리는 것'은 NG(절대 금기)입니다.

고양이와 행복한 삶을 보내기 위해서는 주변 환경을 잘 갖추어야 하며 여기에는 비용이 발생하게 됩니다. 여러 가지 요소를 감안하여 결정합시다.

정하기 전에 고려해야 할 요소들

다묘양육은 물론 한 마리의 고양이라도, 양육을 결정하기 전에는 자신의 생활에 일어나는 변화 등을 먼저 고려합시다.

[입양을 결정하기 전에 확인해야 할 항목]

▶ **계속 고양이와 살 수 있는지?**: 고양이의 평균 수명은 16세 정도. 자신의 삶에 어떤 변화가 오더라도 끝까지 같이 생활해야 할 책임이 있다. 자신이 고령인 경우도 포함하여, 건강상의 염려가 있는 경우에는 만일의 경우를 대비하여 나의 고양이를 맡길 수 있는 곳을 찾아 둔다.

➡ 고양이의 성장 단계에 대한 자세한 정보는 18페이지

▶ **다른 가족과도 함께 지낼 수 있을까?**: 부모 혹은 자녀들과 형제자매 등 같은 집에서 생활하는 가족들도 고양이와 함께 생활할 수 있을지 사전에 확인해야 한다. 가족 중 누군가에게 고양이 알레르기가 없는지 확인한다.

▶ **경제적인 문제는 없는지?**: 고양이와 함께 생활하기 위해서는 비용이 발생하므로 양육을 결정하기 전에 가계를 확실히 확인한다.

➡ 고양이와 함께 생활하는 데 필요한 비용의 자세한 정보는 30, 34페이지

▶ **고양이와 생활할 주거 환경은?**: 고양이와 생활하기 위해서는 일정 공간이 필요하기 때문에 '반려동물 금지'인 집합 주택에서는 고양이를 키울 수 없다.

➡ 다묘양육을 위한 이상적인 주거 환경의 자세한 정보는 78페이지

다묘양육을 결정하기 전에 생각해야 할 요소

다묘양육은 외동묘양육보다 양육 전 고려해야 할 요소가 더욱 많습니다. 무엇보다도 나의 사랑스러운 고양이가 가장 바라는 것은 '보호자에게 보호받으며 사랑받는 일'임을 잊으면 안 되겠습니다.

[다묘양육을 결정하기 전에 확인해야 할 항목]

▶ **고양이들 관계에 신경을 쓸 수 있나?** : 사람과 마찬가지로 고양이들 사이에도 궁합이 있다. 그리고 사이가 좋다고 하더라도 어떤 때에는 싸우기도 하기 때문에 보호자의 중재가 필요한 경우도 있다.

▶ **건강 관리를 잘할 수 있을까?** : 건강상의 문제로 개별적인 식사 관리를 해야 하는 등 다묘양육에서는 사랑스러운 고양이들의 건강 관리가 복잡

해지는 경우가 있다. 그리고 고양이들끼리의 관계에서도 서로가 스트레스를 받는 경우가 생기는데, 이로 인해 건강에 문제가 생길 가능성을 부정할 수 없다.

▶ **중성화 수술이 가능한가?** : 다묘양육에서는 원하지 않은 번식을 피하기 위해 외동묘양육때보다도 중성화 수술이 훨씬 더 강력하게 권장된다.

➡ 고양이의 중성화 수술에 대한 상세한 정보는 96페이지

▶ **이웃에게 양해를 구할 수 있는지?** : 다묘양육에서는 고양이들끼리 서로 쫓아다니면서 소음이 발생해 아래층에 영향을 줄 수도 있다. 외동묘양육과 다묘양육에 다른 인식을 가진 사람도 있으므로 주의가 필요하다.

재해 시의 대피

다묘양육을 결정하기 전에는 재해 시 대피할 수 있는 방법을 생각해 둘 필요가 있습니다. 큰 지진이라든지 홍수 등의 재해가 일어났을 경우, 보호자는 사랑하는 고양이들과 함께 대피하는 것이 원칙입니다. 양육하고 있는 개체가 많을수록 그만큼 대피하는 데에 어려움이 많습니다.

- 고양이 양육을 결정하기 전에 '고양이와 계속 함께 생활할 수 있을까' 등 여러 가지 요소들을 고려한다.
- 건강 관리의 문제 등 다묘양육은 외동묘양육보다도 더욱 신중하게 생각해야 한다.

입양방법(첫만남의 장소 & 개인으로부터의 입양)

14 고양이와 어디서 처음 만날 수 있을까?

고양이와 처음 만날 수 있는 장소로는 여러 곳이 있다.
특히 요즘은 보호묘시설에서 입양하는 경우가 늘고 있다.

고양이와 처음 만날 수 있는 장소

새로운 고양이를 입양하는 방법에는 여러 가지가 있습니다. 키우고 싶은 고양이 품종이 정해져 있는 경우에는, 펫숍이나 그 품종의 브리더에게 문의하는 것이 일반적입니다. 다만, 원래 애묘인은 애견인보다 고양이 품종을 고집하는 경향이 적고, 특히 요즘은 보호묘시설에 문의하는 사람이 늘고 있습니다.

고양이를 처음 만날 수 있는 방법 비교

<table>
<tr><th>만남의 장소</th><th>특징</th><th>비용</th></tr>
<tr><td>펫숍</td><td>• 자묘, 자견의 체인 판매점과 홈센터(본점) 내의 반려동물 판매코너가 주류.
• 순수혈통이 많고, 판매가격이 고가인 편이다.
• 점포가 많고, 점포를 자택 근처에 두는 경우도 적지 않다.
• 유럽(특히 영국, 독일, 프랑스)의 펫숍에서는 직접 고양이를 전시판매하는 경우가 극히 드물며, 기본적으로 펫숍은 양육을 위한 용품을 판매하는 곳을 말한다. 미국에서도 고양이 자체를 판매하는 곳은 줄고 있다.</td><td rowspan="2">점포와 품종 등에 따라 다양하며, 고가인 경향이 있다.</td></tr>
<tr><td>브리더</td><td>• 기본적으로 특정 순수혈통을 번식시키고 있어, 해당 고양이 품종의 적절한 양육에 필요한 전문적인 지식을 가지고 있다.
• 인터넷 검색창에서 '(원하는 고양이 품종), 브리더'로 검색하면 쉽게 찾을 수 있다.</td></tr>
<tr><td>보호묘시설·
자치단체의
동물애호센터</td><td>• 최근에는 보호묘시설에서 새로운 고양이를 입양하는 경우가 늘고 있다.
• 지방자치단체가 고양이 보호활동을 의뢰하는 경우도 있다.
• 비정기적으로 고양이와의 만남(양도회) 등을 개최하는 시설도 있다.
➡ '보호묘시설에서의 입양'에 대한 자세한 정보는 58페이지</td><td>시설에 따라 다르지만 양도수수료나 보호의료협력금 등이 발생하는 경우가 많다.</td></tr>
<tr><td>입양보호자
모집 인터넷
사이트 등</td><td>• 인터넷에서 반려동물 입양보호자 모집 정보 사이트를 이용하면 찾기 수월하다.
• 동물병원이나 마트 게시판 등에서 입양자를 찾는 전단지가 게시되는 경우도 있다.</td><td rowspan="2">지방자치단체에 등록하지 않은 개인 혹은 단체와 의료비 등을 제외한 영리 목적으로 금전 거래를 하는 것은 금지되어 있다.</td></tr>
<tr><td>친구·지인</td><td>• 애묘인이 많으며, 주위를 유심히 둘러보면 '친구 혹은 지인이 입양보호자를 찾고 있다'라는 정보를 얻을 수도 있다.</td></tr>
</table>

입양보호자 모집 사이트에서 입양하는 경우의 순서

고양이와 처음 만나는 방법에는 여러 가지가 있지만 특히 주의가 필요한 유형은 입양보호자 모집 사이트를 이용하거나 개인 소셜 네트워크 서비스(SNS)를 이용하는 경우입니다. 혹시라도 모를 상황에 대비해 양도계약서를 서로 교환해 두면 안심할 수 있습니다.

개인에게서 입양을 받는 경우

상황에 따라 다르지만, 입양보호자 모집 사이트를 이용한 경우의 예를 들면 다음과 같습니다.

[개인에게서 고양이를 입양받는 과정]

① 입양보호자 모집 사이트에 등록한다.

먼저 믿을 수 있는 입양보호자 모집 사이트를 찾는다. 양도자와 입양자 모두의 신뢰를 위해 대부분 회원등록이 필요하다.

* 대부분의 경우, 검색해서 보기만 하는 데에는 회원등록까지는 필요 없다.

② 입양하고 싶은 고양이를 찾는다.

사이트 내의 키워드 검색 등으로 입양하고 싶은 고양이를 찾는다.

* 입양자의 연령이나 주거 환경 등에 제한이 있는 경우도 있으니 주의.

③ 게시자와 연락을 취한다.

입양하고 싶은 고양이를 찾았다면, 해당 게시글의 게시자와 연락을 취한다.

* 알고 싶은 점이나 궁금한 점이 있다면 이곳에서 문의한다.
* 기본적으로는 사이트 내에서 문의를 완결한다.
* 양도계약서(양식이 게재된 사이트가 많음)를 자세히 살펴본다.

④ 고양이를 받아 온다.

게시자와 직접 만나 고양이를 받아 온다.

* 양도계약서는 2부를 작성해 각각 보관한다.

전문점도 확인을

고양이를 직접 판매하고 있는 업체라도 '신뢰가 가는 업체인지'를 확실하게 확인합시다. 환경청 공식사이트에 '동물취급업자를 선택할 때의 주요 사항'이 기재되어 있습니다. 주요 내용으로는 다음과 같습니다.

[판매점 선택 시 주요 사항]

- ☐ 점포 내에 등록번호가 기입된 표식을 게시하고 있는가
- ☐ 직원들이 명찰(식별표)을 착용하고 있는가
- ☐ 케이지가 너무 좁거나 조명이 너무 밝지는 않은가
- ☐ 생후 56일 이내의 새끼 고양이를 팔고 있지는 않는가
- ☐ 점포 내부가 청결한가

- 고양이를 만날 수 있는 곳으로는 펫숍 이외에도 여러 가지가 있다.
- 개인에게서 입양할 경우에는 양도계약서를 주고받는 것이 안전하다.

입양방법(보호묘시설에서의 입양)

15 보호묘시설에서 입양하는 방법은?

보호묘시설에서 입양하는 경우 시설 담당자와 상담하고 고양이와 대면한 후 임시보호기간을 거쳐 이루어진다.

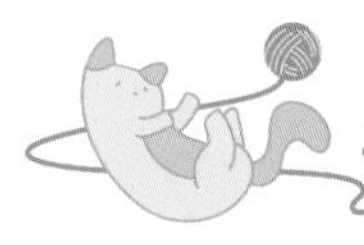

보호묘 입양의 의의

동물애호센터 등의 공공기관을 포함해, 보호묘시설도 고양이와의 첫만남이 가능한 장소로, 최근에는 새로운 가족으로서 보호묘를 입양하는 애묘인이 늘고 있습니다. 지방자치단체에서 운영하는 보건소(또는 동물보호센터)가 수거한 동물을 안락사하는 것을 '살처분'이라고 하며, 살처분은 이전부터 문제시되어 왔습니다. 환경성을 비롯한 행정기관이나 지자체에서는 '살처분 제로'라는 목표로 많은 행사와 활동을 추진하여, 현재는 그 수가 많이 줄어들고 있습니다. 하지만 아직 제로가 되지는 않았으며, 2020년 일본의 고양이 살처분 수는 19,705마리에 이르고 있는 것이 현실입니다.

보호묘를 책임 지고 입양한다는 것은, 이 수를 줄이는 데에 도움이 됩니다.

보건소와 동물애호센터

보건소는 각 지자체에 설치되어 있으며 지역 주민의 건강과 위생을 지원하는 공공기관입니다. 이런 업무의 일환으로 동물에 의해 여러 가지 문제가 발생했을 때에는 동물의 수용이나 보호를 수행하고 있습니다.

한편 동물애호센터 역시 마찬가지로 공공기관으로서 「동물애호관리법」에 의거하여 '동물 보호'와 '동물애호 보급'을 주업무로 하고 있습니다. 결국 동물보호(애호)센터는 보건소의 동물과 관련된 업무를 수행하는 데 특화된 기관이며, 최근에는 그 업무가 보건소에서 동물애호센터로 이관되고 있습니다.

보호묘시설의 입양 순서

보호묘시설에는 공공기관인 보건소, 동물애호센터 이외에 NPO법인 등이 운영하는 시설도 있습니다(일반적으로 '보호묘시설'이라고 하면 이곳을 의미합니다). 이런 시설도 공공성이 높아, 고양이의 행복을 위해 양도를 위한 여러 조건들이 만들어져 있습니다. 인터넷 공식사이트 등을 통하여 사전에 확실하게 확인합시다.

보호묘시설에서 입양하는 경우

시설에 따라 다르지만 보호묘시설을 이용한 경우의 예를 들면 다음과 같습니다.

[보호묘시설에서 고양이를 입양받는 과정]

① 조건을 확인한 후 신청한다.

먼저 보호묘시설에서 정해 놓은 조건을 확인한다. 문제가 없으면 시설의 공식사이트 내에서 신청한다. 또는 보호묘시설의 세미나를 듣는다.

② 담당자와 면담한다.

보호묘시설의 직원과 면담하여 서로의 조건 등을 확인한다.

* 자택 사진 제시를 요청받을 수 있다.

③ 고양이와 면회한다.

입양 후보 고양이와 실제로 만나 친밀도 등을 확인한다.

* 보호묘시설에서 입양하고 싶은 고양이를 만나 입양을 결정했다면 각종 입양 관련 서류의 필수 사항을 숙지하고 기입한다.

④ 고양이를 맞을 준비를 한다.

밥그릇과 탈주방지용 펜스(울타리) 등 양육에 필요한 물품을 집에 준비해 놓는다.

* 입양 준비와 관련하여 보호묘시설 담당 직원이 전화나 이메일 등으로 진행 상황을 확인한다.

⑤ 임시보호기간을 가진다.

새로운 가족이 되는 고양이를 입양한다. 시험적 기간으로 2주 정도 서로 잘 맞는지 확인하는 임시보호기간을 갖게 하는 보호묘시설이 많다.

⑥ 정식으로 입양한다.

임시보호기간 동안 문제가 없다면 정식으로 입양한다.

* 양도 후에도 상담을 해주거나, 지원이 활발히 이루어지는 경우가 많다.

임시보호기간

보호묘를 정식 입양하기 위한 임시보호기간에는, 실제 같이 살아보면서 서로 잘 맞는지 등을 확인할 수 있습니다. 펫숍 등에서는 이런 기간이 없는 경우가 많아, 이 임시보호기간은 고양이와 첫만남을 할 수 있는 좋은 기회로서 보호묘시설의 장점 중 하나입니다.

- 보호묘를 입양하는 일은 사회적으로도 의의가 있다.
- 보호묘시설은 정식 입양 전에 임시보호 시스템을 운영하는 곳이 많다.

조합에 따른 궁합(성장 단계별)

16 성묘와 자묘의 궁합은 좋은가?

고양이들끼리의 궁합은 각각의 개성에 따라 다르지만 실제 부모와 자식 간은 물론이거니와 성묘와 자묘는 궁합이 좋다고 알려져 있다.

고양이들끼리의 궁합(상성(相性))

다묘양육을 시작할 때 염려되는 것은 '신입묘가 선주묘와 사이좋게 지낼 수 있을까' 하는 문제입니다.

고양이도 각자의 개성이 있기 때문에, 결국에 이 문제의 답은 '함께 살아보지 않으면 알 수 없다'는 것입니다.

다만, 일반적으로 '궁합이 좋은 조합'과 이와 반대로 '궁합이 좋지 않다고 알려진 조합'이 있습니다. 이런 궁합은 새롭게 입양해서 들여올 고양이를 정하는 판단 기준의 하나가 될 수도 있겠습니다.

궁합에 관한 실제 사례

고양이들 사이의 궁합에 있어서 어떻게 해도 개선되지 않는 경우도 있지만, 양육하는 고양이가 2마리라면 일반적으로는 그렇게까지 큰 문제가 되지 않는 경우가 대부분입니다. 사이가 좋지 않다고 하더라도 서로 간섭하지 않고 각자의 페이스대로 지내는 경우도 적지 않습니다.

성장 단계별 궁합

고양이들 사이의 조합에는 여러 패턴이 있습니다.

기초 지식으로 먼저 알아 두어야 할 것은 성장 단계별 궁합으로, 성묘와 자묘의 조합은 궁합이 좋다고 알려져 있습니다. 여기서 말하는 자묘는 큰 범주에서 생후 반년 정도까지를 자묘라고 하며, 반년부터 11세 정도까지는 성묘, 그 이상을 노묘라고 합니다.

➡ 고양이 성장 단계별 상세 정보는 18페이지

[성장 단계별 고양이들 사이의 궁합 경향]

■ 성묘 X 자묘 ■ 궁합: O

길고양이의 세계에서도 성묘에게 자묘는 라이벌이 되지 않으므로 궁합이 좋은 경향이 있다. 그중에서도 실제 부모와 자식은 성장한 후에도 사이가 좋은 경우가 많다.

■ 성묘 X 성묘 ■ 궁합: O 또는 △

이 조합은 성별도 의식해야 하는 요소로, 더욱이 각자의 개성에 따른 차가 강하게 반영된다.

➡ 성별에 따른 궁합의 상세 정보는 66페이지

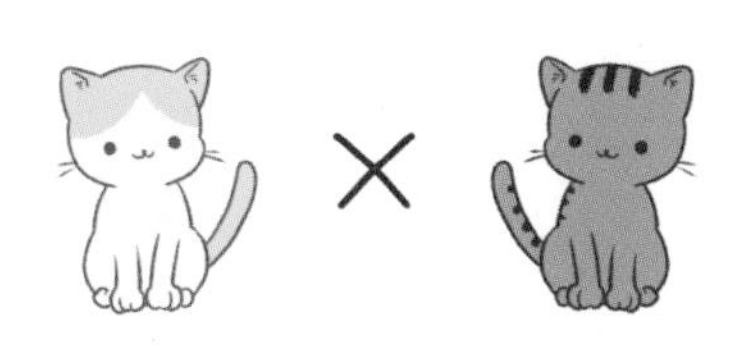

■ 자묘 X 자묘 ■ 궁합: O

자묘끼리는 서로 좋은 놀이 친구가 되며, 궁합이 좋은 조합. 그중에서도 동시기에 태어난 형제는 대부분의 경우 사이좋게 자란다.

■ 노묘 X 자묘 ■ 궁합: △

고양이도 사람과 같이 해가 거듭될수록 운동량이 떨어지므로 생활리듬이 느려진다. 활발한 자묘는 노묘에게는 스트레스가 될 가능성이 있다.

- 고양이에게는 개성이 있어 기본적으로 고양이들끼리의 궁합은 함께 살아보지 않으면 모른다.
- 경향으로 보자면, 성묘와 자묘의 궁합은 대체로 좋다.

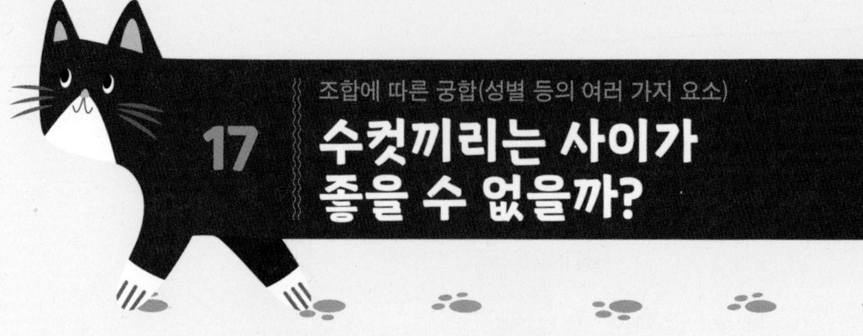

조합에 따른 궁합(성별 등의 여러 가지 요소)

17 수컷끼리는 사이가 좋을 수 없을까?

물론 제각각 성격에 따라 다르겠지만 일반적으로 암컷끼리의 조합보다는 수컷끼리의 조합에 더 각별한 주의가 필요하다.

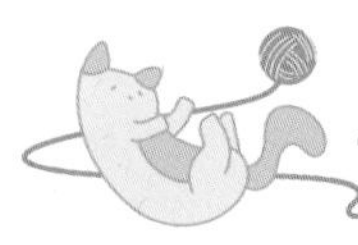

성별과 고양이 사이의 궁합

고양이의 수컷과 암컷은 성격의 경향이 달라 성별 또한 고양이 사이의 궁합에 관련이 있다고 알려져 있습니다.

다만, 우리 사람도 같은 남성이어도 여러 성격의 사람이 있듯이, 성별에 따른 궁합도 결국에는 개성에 따라 다릅니다. 어디까지나 궁합에 관련된 가능성은 어느 하나의 요소에 지나지 않습니다.

➡ 수컷과 암컷의 다른 점에 대한 상세한 정보는 20페이지

중성화 수술과 성격

고양이 양육에서, 사랑하는 고양이에게 번식을 시킬 예정이 없는 경우에는 중성화 수술을 시키는 것이 기본입니다.

그리고 중성화 수술을 하면 성격이 약간 변하는 경우가 적지 않습니다.

수컷과 암컷의 공통점으로, 수술을 하게 되면 보다 차분해져서 성격이 온순하고 부드러워진다고 알려져 있습니다. 특히 수컷은 다른 대상에 대한 공격성이 완화되는 것으로 보입니다.

그런 의미에서도 다묘 양육의 경우에는 중성화 수술을 하는 것이 좋습니다.

수술 직후에는 극도로 예민

중성화 수술은 동물병원이라는 낯선 환경에서 행해지므로, 수술 직후에는 고양이가 예민해져서 신경질을 내는 경우가 많습니다.
새로운 고양이를 입양하는 경우 고양이들끼리의 첫만남은 중성화 수술 시기를 포함하여 조정하면 좋습니다. 또한 이런 유의점은 다른 건강상의 문제로 인한 수술을 앞두고 있을 때에도 동일하게 적용됩니다.

[성별에 따른 고양이 궁합의 경향]

■ 수컷 x 암컷 ■ 궁합: O	■ 암컷 x 암컷 ■ 궁합: O	■ 수컷 x 수컷 ■ 궁합: △
사람으로 비유하면 남녀의 조합은 일반적으로 궁합이 좋다.	'수컷과 암컷'에 비교한다면, 암컷은 영역의식이 강하지 않기 때문에 비교적 궁합이 좋다.	'수컷과 암컷'에 비교한다면, 수컷은 영역의식이 강하여 기질이 맞지 않을 가능성이 있다.

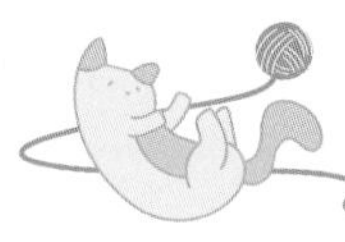

성격에 따른 고양이 사이의 궁합

성격이라는 하나의 단어로 표현한다고 하더라도, 여러 가지 방법으로 해석이 될 수 있습니다. 고양이들끼리의 궁합에서 고려해야 하는 것은, 그 고양이가 '사교적인가', 아니면 반대로 '내향적인가'입니다. 좋고 나쁨을 뜻하지는 않지만, 일반적으로 다묘양육에 있어서 적합한 고양이는 사교적인 성격의 고양이라고 알려져 있습니다. 사교적인 고양이는 동거하는 고양이에게 한정되지 않고 다른 고양이와도 적극적으로 교감하고 그루밍을 하는 등 다른 고양이를 돌보는 것을 좋아합니다.

한편, 내향적인 고양이는 다른 고양이와 교감하는 것을 별로 좋아하지 않으며, 달리 말하면 보호자 시선으로는 '마이페이스'로 보입니다.

기본적으로 사교적인 성격의 고양이들끼리는 사이가 좋고, 또한 내향적인 성격의 고양이들도 각자의 페이스로 서로 간섭하지 않고, 문제없이 같이 지낼 수 있습니다. 그에 반해, 한쪽 고양이는 사교적인데 다른 한쪽은 내향적이라면 내향적 고양이가 사교적인 고양이의 적극적인 행동을 싫어할 가능성이 있습니다.

주의가 필요한 조합

여기까지 몇 가지 조합의 패턴을 살펴봤습니다만, 주의가 필요한 조합은 '성묘 수컷×성묘 수컷' '노묘(성별불문)×자묘(성별불문)'입니다. 다만 이보다도 더 중요한 것은 사교적(혹은 내향적) 성향 등의 개개의 성격이며, 결국에는 '함께 생활해 보지 않으면 알 수 없다'는 것입니다. 일시적으로 함께 지내보는 기간이 있는 경우에는 모습을 잘 관찰해 봅시다.

고양이의 성격은 어떻게 정해지지?

고양이의 성격은 태어날 때부터 가지는 유전적인 요소와 어렸을 때부터 자라온 환경적 요인에 의해 정해진다고 생각됩니다. 특히 성묘는 어느 정도 성격이 정해져 있기 때문에, 입양하기 전에 성격이나 이제까지 자라온 환경을 살펴 필요에 따라 적절한 대응을 합시다.

- 고양이는 수컷과 암컷의 성격이 다른 경향이 있으며, 수컷들끼리의 조합에는 주의가 필요하다고 여겨지고 있다.
- 입양하기 전에 그 고양이의 성격 등을 확인해 둔다.

입양 전 건강 체크(기본적인 확인)

18 건강 상태는 어디를 확인하는 것이 좋을까?

건강한 고양이는 눈곱이 없고, 털에 윤기가 흐르며, 전반적으로 생기발랄하고 활기차다.

일반적인 고양이의 건강 상태 확인

새로운 고양이를 입양하기 전에는, 사전에 그 고양이의 건강 상태를 확인해 두는 것이 중요합니다. 혹시라도 건강상에 문제가 있다면, 사전에 그 문제에 대응하기 위한 준비가 필요한 경우도 있습니다. 일반적으로는 70쪽의 그림과 같은 항목을 확인하는 것이 좋습니다.

고양이의 성별 확인

보호묘나 유기묘를 입양하는 경우에는 성별이나 나이가 불분명한 경우도 있습니다.

성별은 성묘의 경우 고환의 유무로 판단할 수 있습니다. 또한 수컷의 중성화 수술은 고환을 적출하는 것이기 때문에, 중성화 수술 후의 수컷에는 고환이 없고, 고환이 있었던 피부만 남아 있는 상태가 됩니다. 외견상으로는 약간 부풀어올라 있어, 수술 전의 수컷과 고환이 없는 암컷의 중간 정도의 모습을 하고 있습니다.

수컷 고양이는 꼬리 시작 부위의 아래쪽에 고환이 있다.

새끼 고양이의 성별 감별법

수컷 자묘는 성묘처럼 고환이 눈에 확 띄지는 않지만, 잘 관찰하면 고환이 확인됩니다(펫숍에서도 이 외관적인 특징으로 판단하는 경우가 많아 보입니다). 그리고 그 외에 성별에 따른 외관상 차이로는 '수컷이 좀 더 큰 편이고, 다리가 길다' 등이 알려져 있으나, 개체차도 있기 때문에 그것만으로 판단하기는 어렵습니다.

고양이의 연령

자묘의 경우 몸집이 작고 천진난만한 얼굴을 보고 '아직 새끼 고양이'라고 판단이 되나, 더 구체적으로 '생후 몇 개월령'인지 파악하기는 어렵습니다. 하지만 한 가지 기억해 둘 만한 정보로는, 고양이 이빨을 보면 파악하는 데 도움이 됩니다. 유치는 생후 3~4주 정도면 나기 시작해, 6~7주 정도에 자리를 잡습니다. 그리고 생후 3개월 정도부터 유치가 빠지기 시작해 6개월을 기준으로 영구치로 바뀌게 됩니다.

한편, 시니어 노령의 고양이에 관해서도 역시 이빨이 연령을 판단하는 힌트가 되는데, 나이를 먹을수록 이빨이 갈려져 선단 부분이 둥근 치아가 눈에 띄게 됩니다. 그리고 10세 즈음부터 치주병에 의해 치아가 빠지는 고양이도 있습니다.

➡ 노령 고양이의 상세한 정보는 202페이지

- 입양할 고양이의 건강 상태는 사전에 확인한다.
- 성별은 고환으로 판단할 수 있다.

입양 전 건강 체크(양육묘의 경우)

19 이전의 환경을 알아 두는 것이 좋을까?

다른 보호자에게서 양육되었던 고양이는 기초 질환이나 지금까지 지내왔던 환경 등 이전 보호자에게서 여러 가지 정보를 알아 둔다.

건강 상태 체크

'지인에게서 입양', '보호묘 입양' 등의 경우와 같이, 이전의 보호자와 소통을 할 수 있는 경우에는, 해당 고양이 양육에 관련된 정보들을 알아 둡니다. 질병 등의 현재 정보는 물론, 예방접종을 받은 시기 등도 확인합시다.

예방접종 등의 확인

현재의 건강 상태는 물론, 특히 사전 확인을 해야 하는 사항은 예방접종의 유무와, 접종했다면 해당 접종의 시기입니다.

왜냐하면 고양이에게는 '고양이범백혈구감소증' 등의 감염병에 걸릴 경우 생명에 위협적일 수 있는데, 백신을 접종하면 그러한 질병을 예방할 수 있기 때문입니다.

➡ 백신접종의 자세한 정보는 94페이지

[확인해야 할 건강 상태의 정보]

▶ **중성화 수술**: 수술을 했는지 여부를 확인한다. 번식할 예정이 없으면 중성화 수술을 하는 것이 좋다.

▶ **기초질환**: 기초질환이란 만성적인 심장 등의 내장과 혈액 질환 혹은 면역 기능이 저하되는 병. '고양이백혈병바이러스감염증'과 '고양이면역부전바이러스감염증' 등은 고양이의 기초질환에 해당한다.

▶ **바이러스 검사**: '고양이백혈병바이러스감염증'과 '고양이면역부전바이러스감염증'은 감염되어 있어도 증상이 나타나지 않는 경우가 있다. 바이러스를 보유하고 있는 상태일 수도 있으니 검사를 해둔다.

▶ **백신 예방접종**: 백신 예방접종에 관하여 그 종류와 최근에 접종한 시기를 확인한다.

▶ **구충**: 신입묘에게 기생충이 있으면 선주묘에게 옮길 수 있다. 구충 여부에 대해서 확인한다.

▶ **마이크로칩**: 2022년 6월부터 판매되는 고양이에게는 마이크로칩 장착이 의무화되었다.

➡ 마이크로칩에 대한 상세한 정보는 98페이지

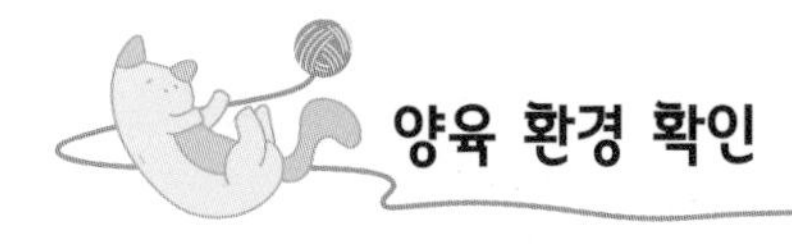

양육 환경 확인

이전에 양육되어 왔던 환경에 대해서 듣고, 필요에 따라서는 가능한 한 전과 비슷한 환경을 조성해 주면, 영입묘는 새로운 환경에 익숙해질 수 있습니다.

또한 부득이하게 고양이를 양도하게 된 보호자에게서 입양하는 경우, 고양이가 사용하던 침구 등의 용품을 같이 받아오면 좋습니다.

좋아하는 장난감을 받아온다.

[확인해 두면 좋은 양육 환경의 정보]

▶ **먹이고 있던 사료**(펫푸드): 고양이는 개보다 사료에 대한 호불호의 개체차가 커서, 사료가 바뀌면 먹지 않는 경우가 있다.

▶ **양도까지 이르게 된 경위**: 양도에 이르게 된 경위는 앞으로의 양육에도 영향을 미칠 수 있다. 예를 들면 보호자에게서 학대를 받은 경험이 있는 고양이는 사람의 큰 목소리에 극단적으로 약하다.

▶ **지금까지의 일상**: 지금까지 고양이가 보호자와 같은 침대에서 자 왔다면, 혼자 잘 때 불안해할 수 있다. 작은 상세 정보라도 알아 두는 것이 좋다.

특히 식사 내용이나 먹이 주는 방식은 이전 보호자에게서 미리 알아 두면 좋다.

성격 확인

개개의 성격에 대해서, 다묘양육에 있어 중요한 것은 '선주묘와 사이좋게 지낼 수 있는가'입니다. 기본적으로 서로 간의 궁합의 문제라 실제로 함께 살아보지 않으면 알 수 없지만, 일반적으로는 사교적인 고양이가 더 적합하다고 볼 수 있습니다. 성격은 잠깐 봐서는 모르기 때문에 시간을 두고 관찰하는 것이 좋고, 이제까지 양육되었던 고양이라면, 그 보호자에게서 성격에 대한 정보를 알아 둡시다.

POINT

- 양육되던 고양이의 경우 이전의 보호자에게서 백신접종 등 건강에 관한 정보를 알아 둔다.
- 이전의 환경과 비슷하게 조성해 주면, 새로운 환경에 부드럽게 스며들 수 있다.

다묘양육을 위한 양육 환경

20 다묘양육 환경의 핵심은?

고양이의 양육 공간은 넓을수록 좋으며, 이를 위해서는 높이의 단차를 의식하여 방을 만드는 것이 중요하다.

다묘양육을 위한 방 만들기

새롭게 영입한 고양이가 스트레스 없이 생활할 수 있도록 환경을 만들어 줄 수 있는지 없는지도, 다묘양육을 시작하기 전에 고려해야 할 요소입니다.

먼저 나의 사랑스러운 고양이를 위한 방 만들기의 기본은 외동묘양육과 같습니다. 여기에 더하여 다묘양육에 있어서는 높낮이 차를 더 고려합니다. 고양이 양육을 위한 공간은 넓은 것이 바람직하지만, 어떻게 해도 한계가 있습니다. 그런 점에서 높낮이 차(고저차)를 연구했는지 유무가 큰 차이점이 될 수 있습니다.

➡ 고양이를 위한 방 만들기의 자세한 정보는 38페이지

높낮이 차를 활용한 용품

높낮이 차는 높낮이 차이를 활용한 아이템을 사용하면 구현할 수 있습니다. 대표적인 것이 캣타워입니다. 캣타워는 사이즈, 모양에 따라 여러 타입으로 판매되고 있습니다.

그리고 특히 단독주택에서도 '캣워크'는 유효합니다. 캣워크는 원래 높은 곳에 있는 고양이가 다니는 통로를 말하는데 최근에는 고양이가 자유롭게 이동할 수 있는 시설이나 공간을 총칭한 단어로 사용되고 있습니다. 온라인몰 등에서 '캣워크'로 검색하면, 다양한 상품이 나옵니다.

동선은 일정한 폭으로

다묘양육을 위한 방을 만들 때에는 사랑하는 고양이들끼리 서로 스트레스를 받지 않도록 고양이의 동선이 일방통행이 되지 않도록 주의를 기울이는 것도 중요합니다. 예를 들면 계단을 만들 경우, 서로 비껴갈 정도가 되도록 일정 폭을 만들어 두는 것입니다.

공유할 수 있는 것과 할 수 없는 것

이미 고양이와 함께 살고 있는데 새로운 고양이를 입양하는 경우 '용품은 같이 공유해도 좋다'라고 생각할 수 있지만, 실제로 공유할 수 있는 것들은 그리 많지 않습니다.

양육 방식에 따라 다르지만 예를 들면 화장실 개수는 '양육 두수+1'이 좋다고 알려져 있습니다. 결국 고양이를 새로 입양할 때마다 그에 맞춰 새롭게 구입하는 것이 좋습니다.

[다묘양육 관련 주요 용품에 대한 기본적인 사고방식]

▶ 밥그릇

만약 건강상에 이상이 있어 처방식이 필요한 고양이는 전용 밥그릇이 필요하다. 매일 사료의 양을 개별적으로 확실히 관리할 수 있기 때문에, 가능하면 개별적으로 전용 밥그릇을 준비하는 것이 좋다. 한편 물통은 하나로 공유할 수 있는 경우가 많다.

▶ 화장실

화장실 개수는 '양육 두수+1'을 기본으로 생각하는 것이 좋다. 한 마리의 경우에도 2개를 준비하는 게 좋은데, 예를 들면 1층과 2층처럼 따로 떨어진 곳에 두면 용변 실수를 줄이는 데 도움이 된다. 그리고 다묘양육에서는 고양이 모래도 많은 양이 소비되므로 이 부분도 미리 고려해 둔다.

▶ 그 외의 것

스크레처는 공용으로 사용할 수 있지만 마릿수가 늘어나면 빨리 소모된다. 그리고 캐리어 케이스는 마릿수만큼 있는 것이 좋고, 케이지와 탈주 방지용 울타리의 필요성도 높아진다. 가능한 한 쿠션 등 고양이의 침구나 침구류도 마릿수만큼 준비하는 것이 좋다.

개성에 맞춘 용품 선택

사랑스러운 고양이와의 행복한 생활을 바란다면, 매일매일 사용하고 있는 용품을 각각의 개성에 맞춰 준비해야 합니다.

예를 들면, 시판되는 밥그릇 중 높이가 높은 것이 있습니다. 이런 타입의 밥그릇은 삼킨 사료를 토하는 것을 예방하는 데 도움이 되고, 앞다리 관절의 부담도 줄인다고 알려져 있습니다.

POINT

- 다묘양육을 위한 양육 환경에서는 특히 높낮이를 고려하는 것이 좋다.
- 밥그릇과 화장실은 여러 개를 준비하는 것이 좋다.

식사 준비(고양이 식사의 기본)

21 식사는 수제로 만드는 것이 좋을까?

수제로 만들기 위해서는 확실한 지식이 필요하다.
매일 먹는 사료는 시판 중인 고양이 사료(종합영양식)가 좋다.

고양이에게 필요한 영양소

우리 사람들과 마찬가지로 고양이에게도 식사는 건강을 유지하고 즐거운 생활을 영위하기 위해 중요합니다.

고양이 사료를 파는 곳이 휴일이거나, 온라인몰에서의 주문 후 배달까지 시간이 걸릴 수 있으므로, 새로운 고양이를 집에 들이기 전에, 적어도 수일 분(며칠간)의 사료를 미리 준비해 둡시다.

식사 내용에 대해서는 일반적으로 건식 타입의 고양이 사료가 기본입니다.

그리고 전에 양육되었던 고양이를 입양하는 경우, 이전의 보호자에게 지금까지 먹었던 식사의 내용을 알아 두고, 그것에 맞추는 것이 좋습니다.

고양이에게 필요한 영양소

고양이를 더 깊이 이해하기 위하여 고양이에게 어떠한 영양소가 필요한지 알아 둡시다.

먼저 사람에게 필요한 영양소로는 단백질, 지방, 탄수화물이 3대 영양소로 알려져 있습니다. 넓은 범위에서 말하면 단백질은 근육이나 피부 등의 몸을 만들고 지방과 탄수화물은 운동의 에너지원이 됩니다. 이런 3대 영양소는 고양이에게도 필요하지만, 사람만큼 탄수화물이 필요하지는 않으며, 한편 단백질은 대략 2배나 더 필요합니다. 또한 단백질은 아미노산으로 구성되어 있으나 이런 아미노산 중에서도 고양이에게는 타우린과 아르기닌이 중요하며, 이것들이 부족하면 눈과 심장의 기능에 이상이 생길 수도 있습니다.

사람과 고양이에게 필요한 영양소의 비율

	단백질	지방	탄수화물
사람	18%	14%	68%
고양이	35%	20%	45%

단백질과 식재료

단백질이 풍부하게 함유되어 있는 재료로 대표적인 것이 생선과 육류입니다. 고양이가 생선과 육류를 좋아하는 것은, 필요한 영양소가 풍부하게 포함되어 있다는 합리적인 이유 때문입니다.

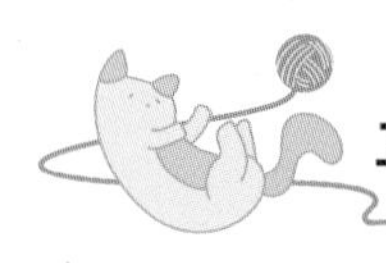

고양이 사료(푸드)의 특징

고양이에게는 3대 영양소 외에 비타민과 미네랄도 필요하며, 이것들을 제대로 충분하게 섭취할 수 있는 식사를 매일 만들기란 어렵습니다. 따라서 많은 베테랑 보호자는 먹이로 시판되고 있는 고양이 사료를 기반으로 하고 있습니다. 시판되고 있는 고양이 사료로는 크게 건식 사료와 습식 사료로 나뉩니다.

[시판되고 있는 고양이 사료의 종류]

▶ 건식 사료

함유되어 있는 수분량이 10%로 낮아 '카리카리(바삭바삭)'라고 불리는 경우도 있다. 습식 사료보다 합리적인 편이며 개봉 후에도 1개월 정도 보존이 가능하다.

▶ 습식 사료

함유되어 있는 수분량이 75% 전후의 상품이 많아 수분 보충도 된다. 고양이들에게 기호성이 높은 경향을 보인다. 개봉 후의 보존 기간이 수일 정도로 짧으며, 개봉하지 않으면 일정 기간 동안은 보존이 가능하다.

평상시의 식사와 종합영양식

시판되고 있는 사료는 동물사료공정거래협의회에 의해 '종합영양식', '간식', '처방식', '그 외의 목적식'으로 분류되어 있습니다. 어떤 것이든 포장지에 표기되어 있으므로 잘 확인한 후 구입합시다. 일반적인 평상 시 식사를 위한 제품은 종합영양식입니다.

또한 간식은 간식용, 처방식은 건강상의 이상이 있는 고양이를 위한 제품이며, 그 외의 목적식에는 특정 영양소의 조절이나 기호성 증진 등의 목적에 부합하는 제품이 있습니다.

수제 먹이를 메인으로 하지 않는다

사랑스러운 고양이를 위한 식사를 수제로 준비하는 것이 반드시 나쁘다고는 할 수 없지만, 그러기 위해서는 필요한 영양소의 섭취량과 칼로리 등 전문적인 지식이 필요합니다. 또한 고양이에게 주어서는 안 되는 식재료도 있어, 이 점에서도 주의가 필요합니다. 게다가 보호자의 부담도 커지므로 일반적으로 고양이에게 매일 주는 식사를 수제로 하는 것은 추천하지 않습니다.

[고양이에게 주어서는 안 되는 식재료]

- 파류
- 마늘
- 날계란
- 초콜렛
- 포도(건포도)
- 알코올류

일반적으로 고양이의 식사는 종합영양식인 건식 사료가 기본이 된다.

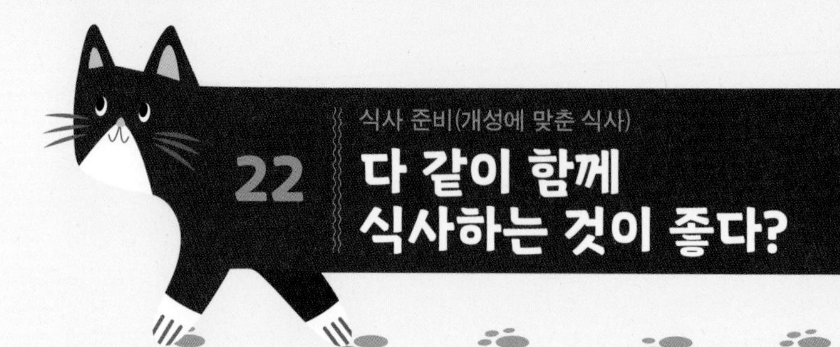

식사 준비(개성에 맞춘 식사)

22 다 같이 함께 식사하는 것이 좋다?

연령이 차이 나는 경우 등 상황에 따라서 개성에 맞춘 식사가 필요할 수도 있다.

성장 단계별 식사

새롭게 입양하는 고양이를 위하여 '기존의 고양이에게 주는 사료와 다른 것을 준비하는 것이 좋다'라는 말은 경우에 따라 다릅니다. 주의해야 할 점은 성장 단계입니다. 일반적으로 시판 중인 고양이 사료는 자묘용, 성묘용, 노묘용 대략 세 가지로 나뉘어 있습니다. 결국, 기존 고양이가 성묘이며, 입양하는 고양이가 자묘인 경우는 자묘용 고양이 사료를 미리 준비해 두어야 한다는 의미입니다.

일반적인 고양이 사료의 분류

자묘용	이유기 ~ 1세 이하
성묘용	1세 ~ 6세 이하
노(령)묘용	7세 ~

특별한 식사

새롭게 입양하는 고양이가 건강에 이상이 있다면 처방식이 필요할 수도 있습니다. 또한, 건강 이상까지는 아니지만 불안한 요소가 있다면, 그에 맞는 고양이 사료를 선택하는 것이 좋습니다. 최근에는 시판 고양이 사료의 라인업이 풍부하여 구토 경감, 중성화 고양이용 등 다양한 제품을 선택할 수 있습니다.

1일 식사량

비만은 여러 가지 건강상 문제의 원인이 되므로, 비만이 될 경향이 있는 고양이는 주의가 필요합니다. 비만이 염려되는 고양이에게는 '비만 방지(비만 경향) 고양이용'의 식사를 준비하면서 적절량을 정확하게 지켜야 합니다.

적절한 양은 고양이의 체중에 따라 다른데, 예를 들면 '3kg이면 하루에 45g'이 적절하다고 고양이 사료 팩에 표시되어 있습니다. 이를 기준으로 고양이의 건강 상태를 지켜보면서 필요에 따라 조절합니다.

고양이가 좋아하는 사료 선택

일반적으로는 습식 사료가 건식 사료보다 기호성이 높기 때문에, 식욕이 떨어졌을 때를 대비해 습식 사료도 같이 준비해 두는 것이 좋습니다. 그리고 고양이에 따라서는 같은 사료에 질려서 잘 먹지 않는 경우가 있습니다. 이럴 때는 건사료라고 하더라도 다른 상품으로 바꿔 주면 먹을 수 있습니다.

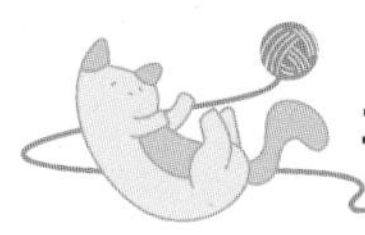

간식에 대한 고려 사항

고양이 사료와 마찬가지로, 고양이용 간식도 여러 종류가 시중에서 판매되고 있습니다. 기본적으로 시중에서 판매되고 있는 간식은 기호성을 중시하고 있기 때문에, 대부분의 고양이가 좋아합니다. 다만 너무 많이 주면 비만으로 이어지기 때문에 주의가 필요합니다. 수일에 1회를 기준으로 하는 것이 좋습니다. 그리고 예를 들어, '발톱 깎는 것을 싫어하는 고양이'라면 '발톱을 깎은 후에 간식'을 먹는 습관을 들이면 발톱 깎는 스트레스가 경감될 수 있습니다. 이처럼 칭찬용으로 간식을 주는 방법은 효과적인 방법 중 하나입니다.

- 개별적 특성에 맞춘 식사 준비가 필요할 수 있습니다.
- 간식은 너무 많이 주지 않도록 주의합니다.

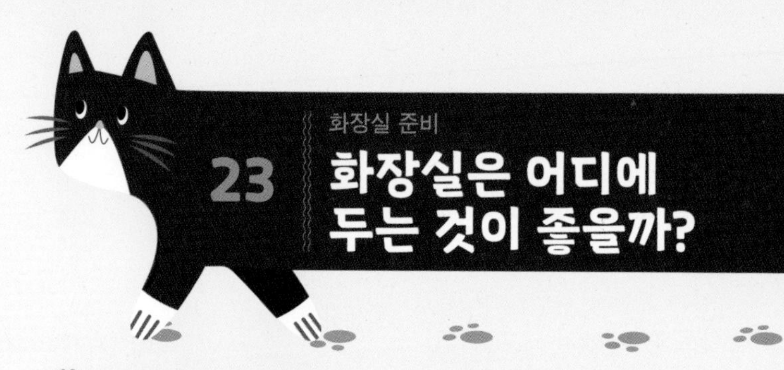

화장실 준비

23 화장실은 어디에 두는 것이 좋을까?

화장실은 주거 환경에 따라 여러 개를 준비한다. 인적이 드문 곳에 설치한다.

화장실과 고양이 모래의 선택 방법

고양이를 입양하면 분주해지게 되기 마련입니다. 화장실도 사전에 준비해 둡시다.

화장실은 용기에 고양이용 모래(화장실 모래라고 불립니다)를 넣는 것이 일반적입니다. 화장실 용기는 고양이 전용으로서 여러 타입이 시판되고 있으며, 적정한 크기의 비슷한 모양이라면, 다른 용기를 사용해도 괜찮습니다.

[고양이용 화장실을 고를 때의 포인트]

▶ 적당한 크기:

고양이는 배설 시 자세를 잡기 전에 화장실 안을 빙글빙글 도는 경우가 있다. 화장실은 그런 행동이 가능한 크기여야 한다.

▶ 충분한 깊이:

고양이가 모래를 긁을 수 있도록 충분한 양의 고양이 모래를 넣을 수 있는 깊이의 제품을 선택한다.

▶ 안정적인 무게:

고양이가 가장자리 쪽으로 체중을 실어도, 뒤집히지 않을 정도의 안정감이 있는 무게가 필요하다.

고양이 모래의 선택 방법

고양이 모래로는 여러 종류의 제품이 판매되고 있는데, 소재별로는 '광물류', '실리카겔류', '종이류', '목재류', '콩껍질류' 등이 있고, 입자의 크기도 여러 가지로 다양합니다.

소취 효과 등의 기능도 있고, 고양이에 따라 좋아하는 소재가 다른 경우도 있습니다. 사용하기 편한 모래를 발견하는 것도, 사랑하는 나의 고양이가 행복한 생활을 영위하는 데 핵심 요소 중 하나입니다.

화장실 교육

고양이는 원래 모래 위에 배설을 하는 습성이 있어, 개의 경우처럼 화장실 교육이 그다지 어렵지 않습니다. 화장실을 가고 싶은 듯 안절부절하는 모습을 보이면 즉시 화장실로 데리고 갑니다. 그곳에 배설하면 다음부터는 같은 장소에서 배설을 하게 되는 것이 일반적입니다.

화장실 설치 장소

고양이를 양육하는 주택 환경에 따라 다르겠지만 기본적으로 화장실 개수는 '양육 두수+1'로 생각해야 합니다. 이것은 나의 사랑스러운 고양이가 배설을 하려 할 때 원활하게 화장실로 향하도록 하기 위함입니다. 또한 일반적인 다묘양육에서는 화장실을 여러 개 설치해 두어도, 한 고양이가 전용으로 사용하는 경우가 없이 서로 공유하며 사용하는 경우가 많다고 알려져 있습니다.

화장실 설치 장소로는 사람의 출입이 적고, 고양이가 차분히 편하게 배설할 수 있는 장소를 고르는 것이 기본입니다.

욕실도 좋다

고양이 화장실을 두는 장소로 사람의 출입이 적은 장소 이외에 '춥지 않은' 장소도 핵심 요소 중 하나입니다. 구체적인 장소로는 거실이나 침실, 욕실 등을 적절한 설치 장소로 들 수 있습니다.

현관은 부적합

현관은 고양이 화장실 설치 장소로 적절하지 않습니다. 왜냐하면 사람의 출입이 잦고, 탈주해 버릴 위험이 있기 때문입니다.

화장실 청소

다묘양육을 하면 배설물의 양도 그만큼 많아지게 됩니다. 고양이 배설물은 냄새가 나며, 고양이들이 생활하는 공간을 청결히 유지하기 위해서도, 배설물은 될 수 있는 한 빨리 치워 주는 것이 기본입니다.

오줌을 처리할 때에는 고양이 모래가 딱딱해지면 그 뭉쳐진 덩어리를 삽 등을 이용하여 쓰레기봉투에 넣고, 변도 같은 삽을 사용하거나, 휴지 등으로 잡아 처리합니다.

배설물을 처리할 때에는 출혈의 유무 등을 확인하여, 나의 사랑스러운 고양이의 건강상태를 체크합시다.

➡ 오줌 확인의 상세한 정보는 176페이지

고양이 화장실의 용기와 청소

화장실을 청결하게 유지하기 위해서는 한 달에 1~2회 정도 고양이 모래를 다 꺼내어 버리고 화장실(용기)을 청소합시다. 화장실 청소는 '욕실용 세제를 이용하여 닦은 후 물로 세척하고 말리'거나, 또는 '펫 청소 스프레이 또는 살균 티슈 등을 사용하여 전체를 깨끗이 닦아내는' 방법으로 합니다.

입양 전에 꼭 고양이 화장실을 미리 준비해 둔다.

신입묘 준비(백신 & 중성화 수술)

24 백신 접종은 필요한가?

특히 다묘양육에서는 백신 접종 및 중성화 수술을 시키는 것이 기본이다.

예방접종

양육 환경뿐만 아니라, 신입묘에 관해서도 철저한 준비가 필요합니다. 특히 건강상의 주의가 필요합니다. 다묘양육에서는 신입묘가 혹시라도 어떤 병에 걸려 있다면, 선주묘에게 그 병이 전염될 가능성이 높습니다. 다묘가정에서는 들여오기 전에 신입묘에게 감염병을 예방하는 백신을 접종하는 것이 기본입니다.

주요 백신의 종류

<table>
<tr><th colspan="3">예방접종 종류</th><th>대상이 되는 병명</th><th>대상이 되는 병의 개요</th></tr>
<tr><td rowspan="5">5종
혼합</td><td rowspan="4">4종
혼합</td><td rowspan="3">3종
혼합</td><td>고양이 바이러스성 비기관염</td><td>'고양이 감기'로 불리며, 재채기나 콧물이 나오는 등 사람이 감기에 걸렸을 때와 같은 증상이 나타난다.</td></tr>
<tr><td>고양이 칼리시 바이러스 감염증</td><td>위의 '고양이 바이러스성 비기관염'과 비슷한 증상이 나타나며, 더 진행되면 입안과 혀에 염증이 생긴다.</td></tr>
<tr><td>고양이 범백혈구 감소증</td><td>심한 구토, 발열, 설사 등의 증상이 나타나며, 사망에 이를 수 있는 위험한 감염병이다.</td></tr>
<tr><td>-</td><td>고양이 백혈병 바이러스 감염증</td><td>물리거나 긁힌 상처 등으로부터 감염되는 경우가 많다. 감염된 고양이의 여생은 대부분 2~4년 정도로 보고 있다.</td></tr>
<tr><td>-</td><td>-</td><td>고양이 클라미디아 감염증</td><td>'고양이 클라미디아'로 불리는 세균에 감염되어 발병하게 된다. 주로 결막염을 유발시킨다.</td></tr>
<tr><td colspan="3">단독 백신</td><td>고양이 면역부전바이러스 감염증</td><td>'고앙이 에이즈'라고 불리며 최종적으로는 면역 기능을 잃게 되어 죽음에 이르게 되는데, 최근에는 발병하지 않은 채 장수하는 경우도 있다.</td></tr>
</table>

백신 접종 증명서

백신은 생후 2~4개월까지 월 1회, 그 이후에는 정기적인 접종을 추천하고 있으며, 접종 비용으로는 1회에 3,000~7,500엔 정도입니다(종류에 따라 다를 수 있습니다). 그리고 접종을 하게 되면 백신 접종 증명서를 발행받을 수 있는데, 펫호텔, 펫유치원 등을 이용하는 데 증명서로 활용할 수 있으니 보관해 둡시다.

중성화 수술

신입묘가 '중성화 수술을 했는지 안 했는지'도 사전에 반드시 확인해야 할 항목 중 하나입니다.

특히 다묘양육에서는 선주묘를 포함해 중성화 수술이 되어 있지 않으면 순식간에 고양이 수가 급격히 늘어나, 결국에는 다묘양육 붕괴로 이어질 수 있습니다. 이렇게 되는 이유는 고양이는 번식력이 강한 동물로, 출산 한 번에 4~8마리의 새끼를 낳기 때문입니다. 그리고 중성화 수술을 하게 되면 성격도 온순해져 다묘양육을 하기가 더욱 수월해지는 경향이 있습니다.

번식시킬 예정이 없는 경우에는 조속히 중성화 수술을 하는 것이 기본입니다.

중성화 수술의 시기와 비용

새끼 고양이 때부터 키울 경우 중성화 수술은 어느 정도 크게 성장한 후부터 발정기를 맞이하기 전까지의 기간에 해주는 것이 가장 좋다고 알려져 있습니다. 구체적으로는 생후 6개월 전후로 수술하는 것이 좋고, 그 이후의 성장 단계에 있다면 언제든 수술을 받을 수 있습니다.

중성화 수술은 생후 6개월 전후로 받을 수 있다.

먼저, 수술 비용으로는 암컷의 경우 10,000~40,000엔 정도, 수컷의 경우 5,000~20,000엔 정도입니다.

지자체에 따라서는 중성화 수술 보조금을 지급하는 곳도 있습니다.

사전에 확인을

보호묘시설에서 보호하고 있는 고양이는 이미 백신 접종과 중성화 수술을 받은 경우가 많습니다. 그러나 개인에게서 입양하는 경우에는 확인되지 않는 경우가 많으니 입양 전에 다시 한번 확인하고 백신 접종이나 중성화 수술이 되어 있지 않으면 양도자와 양수자 어느 쪽의 책임으로 진행할 것인지 명확히 협의해 둡시다.

입양 전에 백신 접종과 중성화 수술의 정보를 확인하고, 어느 쪽에서 책임지고 행할지를 명확하게 정해 둔다.

25 마이크로칩 등록은 필요한가?

판매되고 있는 고양이에 대해서는 마이크로칩 등록이 의무화되어 있어 보호자는 입양 후 소유자 변경 등록을 해야 한다.

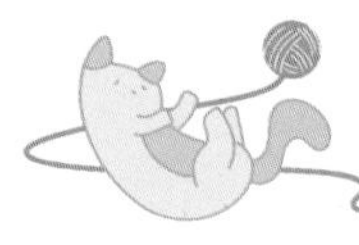

마이크로칩의 의무화

'마이크로칩'은 새롭게 고양이를 입양하는 가정에서 꼭 알아 두어야 할 중요한 사항 중 하나입니다. 일본에서는 2022년 6월 1일부터 펫숍 등에서 판매되고 있는 동물에 대하여 마이크로칩 삽입이 의무화되었습니다. 펫숍 등에서 구입한 고양이는 마이크로칩이 내장되어 있기 때문에 이전 보호자의 정보를 자신의 정보로 변경해야 합니다. 또한 다른 보호자에게서 고양이를 입양할 때에도, 이미 장착을 하고 있거나 혹은 새롭게 수의사에게 의뢰하여 마이크로칩을 장착할 때 자신의 정보로 등록해야 합니다.

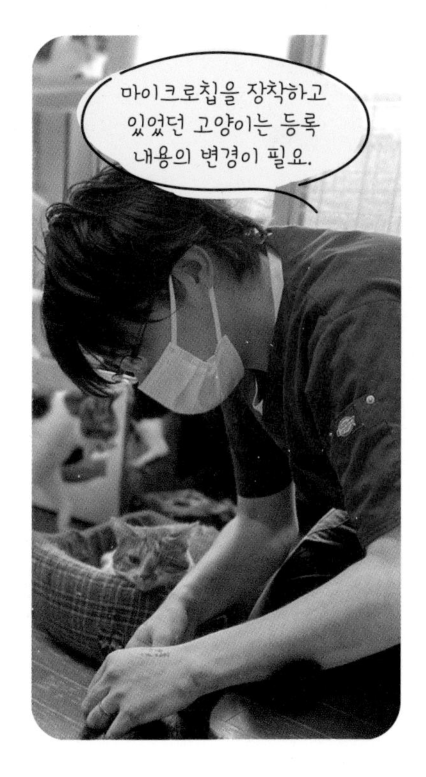

마이크로칩의 목적

고양이에게 부착되어 있는 마이크로칩을 전용 리더기로 읽혀 조회하면 데이터베이스를 통해 보호자의 정보를 확인할 수 있습니다. 이것은 만약 고양이를 잃어버렸을 경우에 원활하게 찾을 수 있게 도와줍니다. 또한, 재해나 재난 시에 떨어져 있게 되는 경우에도 마이크로칩을 장착하고 있다면 보호자의 품으로 돌아갈 수 있는 확률이 높게 됩니다.

마이크로칩은 원통형

고양이에게 부착하는 마이크로칩은 동물의 개체를 식별하기 위한 전자개체식별장치로, 직경 약 1~2mm, 길이는 약 8~12mm의 원통형 장치입니다. 마이크로칩에는 건전지가 들어 있지 않고 내구 연한은 약 30년으로 알려져 있습니다.
장착을 위해 전용 기구를 사용하고, 반드시 수의사의 의료 행위로서 시행해야 합니다(2022년 5월 1일부터 「일본애완동물간호사법」이 시행되어, 현재는 애완동물간호사 면허소지자는 수의사의 지도 아래 마이크로칩 삽입 행위가 가능). 일반적으로는 등쪽의 앞다리 부근 피하에 주입합니다.

마이크로칩 정보 변경 절차

브리더와 펫숍에서 분양받는 경우에는 기본적으로 마이크로칩이 이미 장착되어 있어 보호자의 등록 내용 변경을 자신이 하는 것이 일반적입니다. 그리고 다른 보호자로부터 이미 마이크로칩이 장착되어 있는 고양이를 입양받은 경우에도 같은 절차가 필요합니다.

※ 자세한 정보는 환경성 공식사이트 '개와 고양이의 마이크로칩 등록 방법' 참조.
http://reg.mc.env.go.jp/

[마이크로칩의 정보변경의 절차]

▶ **개요**: 새로운 보호자의 이름 및 주소, 전화번호 등의 정보를 국가의 데이터 베이스에 30일 이내에 등록해야 한다.

▶ **등록정보의 신청처**: 공익사단법인 일본수의사회

▶ **신청 방법**: 서면 및 온라인

※ 고양이 소유자가 변경된 경우는 그 이전 보호자의 등록증명서가 필요.

※ 온라인 신청은 pc나 스마트폰에서 정보 등록 가능.

▶ **비용(등록·변경 등록비)**: 종이(서면) 신청은 1,000엔, 온라인 신청은 300엔.

마이크로칩의 절차는 보호자가 바뀌는 경우 외에 주소나 연락처가 변경되었을 때', '고양이가 사망했을 때', '새롭게 다른 마이크로칩을 장착했을 때'의 경우에도 필요.

이미 키우고 있는 고양이의 경우

마이크로칩 장착 의무 대상이 되는 고양이는 펫숍이나 브리더를 통해 판매되는 고양이입니다.

그러므로 이미 집에서 키우고 있는 고양이에 대해서는 의무 대상이 아니며, 이것을 지키지 않는 경우에도 벌칙이 명기되어 있지는 않은 상황입니다. (2023년 1월 기준(일본))

다만 혹시 모를 경우를 대비하여 새롭게 마이크로칩을 장착하는 것은 가능하므로, 이런 경우에는 동물병원에 의뢰합니다. 비용은 시설에 따라 다르지만 몇 천~1만 엔 정도로, 이에 더하여 신청서는 1,000엔, 온라인 신청은 300엔의 등록료가 발생합니다.

POINT

- 2022년 6월부터 판매되고 있는 동물에 대한 마이크로칩 장착이 의무화되었다.
- 이미 양육되고 있는 고양이에 대해서는 의무가 아니다.

혹시 모를 경우에 대비하여 신입묘를 집으로 맞이하는 때는 가능한 한 오전 중이 바람직하다.

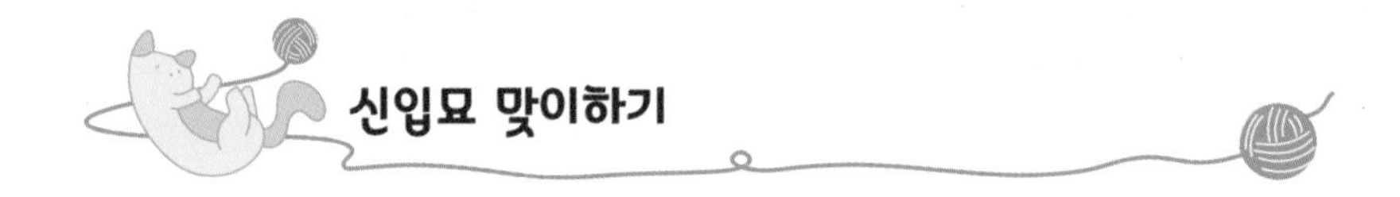

새로운 가족이 될 고양이가 결정되고 백신 접종 등의 사전 준비를 마치면, 드디어 고양이를 맞이하게 됩니다. 신입묘를 직접 들고 집으로 데려오는 경우에는 캐리어 케이스를 이용하는 것이 일반적입니다. 그렇기 때문에 미리 캐리어 케이스를 준비해 둘 필요가 있습니다. 자동차로 이동할 경우에는, 신입묘가 편안하고 차분해질 수 있도록 담요를 덮어 안쪽을 어둡게 해주는 것이 좋습니다.

덧붙여, 만약 수의사의 진료를 받아야 할 상황이 발생할 경우, 혹은 어떤 일이 발생했을 경우에 대응하기 수월하도록 가능한 한 오전 중에 맞이하는 것이 기본입니다.

입양할 고양이가 이제까지 애용하던 타올 등을 캐리어 케이스에 깔아두면 좋다.

자묘는 보온에 주의한다

일반적인 고양이의 출산 시기는 3~4월경, 8~9월경 연 2회로, 계절로는 봄과 가을에 해당됩니다. 따라서 가을에 태어난 자묘는 겨울을 맞이할 즈음에도 아직 생후 수개월령으로 대체로 어립니다.

자묘는 체온을 조절하는 기능이 아직 충분히 발달하지 않아 추위에 약합니다. 그렇기 때문에 이동 중에 장시간 동안 추운 환경에 노출되는 경우가 없도록 주의를 기울입니다. 휴대용 난로 등을 활용하는 것도 좋습니다.

대중교통 이용도 가능

보호묘시설 중에는 집까지 입양되는 고양이를 운반해 주는 곳도 있으니, 맞이하는 당일의 운반 방법은 사전에 미리 확인해 둡시다.
그리고 기본적으로 고양이 운반은 전철이나 버스 같은 대중교통을 이용해서도 가능합니다. 대부분은 캐리어 케이스에 넣어야 하며, 그 상태로 개찰구 등에서 담당자에게 확인을 받고, 별도의 소지품 요금을 내고 이용합니다.

맞이하는 당일의 한 가지 예

맞이하는 당일을 적절하게 보내는 방법은 경우에 따라 다릅니다. 기본적으로는 신입 고양이의 상태를 확인하고, 신입묘가 스트레스 없이 지낼 수 있도록 행동합니다. 여기서는 한 가지 예로서, 캐리어 케이스를 사용하여 직접 들고 데려온 신입묘를 선주묘와 별도의 방에서 적응시키는 방법을 소개하겠습니다. 선주묘와 얼굴 마주하기(대면)를 하는 방법으로 케이지를 이용하는 것이 일반적입니다.

➡ 선주묘와의 얼굴 마주하기(대면) 인사법에 대한 상세한 정보는 106페이지

① 캐리어 케이스의 문을 연다

신입묘 전용 방에 신입묘가 들어가 있는 캐리어를 넣어 둡니다. 이때 선주묘가 들어오지 못하게 방문을 꼭 닫아 두고, 캐리어 케이스의 문을 열고 신입묘 고양이가 나오는 것을 기다립니다.

② 먹이를 준다

잠시 동안 고양이의 모습을 지켜봅니다. 상황에 따라서는 같이 놀아 주는 것도 좋습니다. 그리고 신입묘가 새로운 환경에 적응하면 식사와 물을 줍니다. 뭔가를 강제하는 것은 NG이며, 무리하게 먹게 해서는 안 됩니다.

③ 화장실 알려주기

신입묘가 뭔가 안절부절해하면 배설하고 싶을 수 있습니다. 바로 고양이 화장실로 데려가 그곳에서 배설하도록 유도합니다. 이후에는 계속 지켜보고, 잠들 것 같으면 잠자리로 옮겨 데려다 놓는 것도 좋습니다.

- 신입묘를 맞이하는 때는 가능하면 오전 중이 좋다.
- 기본적으로 맞이한 당일은 신입묘가 새로운 환경에 적응하는 것을 지켜보며 기다려 준다.

선주묘와의 대면

27 곧바로 고양이끼리 대면하는 것이 좋을까?

새로운 고양이를 맞이하였다면 처음에는 신입묘를 케이지에 넣는 등 격리를 시킨 후 서서히 두 마리 간의 거리를 좁혀 간다.

대면의 기본

새롭게 가족의 일원이 된 신입묘가 서서히 새로운 환경에 익숙해지도록 돕는 것이 기본입니다. 선주묘와의 관계에서도 마찬가지로, 보호자가 이들이 서로 서서히 가까워질 수 있도록 고민하고 노력해야 합니다.

일반적인 대면 방법

① 각자 다른 공간에서 생활하게 한다

집에 방이 여러 개 있다면, 처음에는 서로가 갑자기 마주치는 상황이 생기지 않도록 신입묘를 선주묘가 다니지 않는 방에 지내게 해주는 것이 좋습니다. 이렇게 하면 냄새나 기척으로 서서히 '다른 고양이가 있다'는 사실에 익숙해지게 됩니다. 다른 방에서 3~7일 정도 지내고 나면 그 이후에는 같은 공간에 두되, '신입묘는 케이지 안'에 두는 방식으로 분리해 줍니다.

또한 양육의 주 공간이 되는 방이 하나라면, 케이지를 이용하여 처음에는 신입묘가 케이지 안에서 지내도록 합니다.

② 두 마리의 상황을 관찰한다

같은 방에서 생활하다 보면 한쪽 고양이가 다른 고양이에게, 혹은 서로 관심을 보이게 됩니다. 처음에는 위협을 할 수도 있지만 당분간은 그 정도를 예의주시하면서 두 마리의 모습을 관찰합니다.

③ 신입묘를 케이지에서 꺼낸다

같은 공간에서 생활한 지 3일 정도가 지나고 두 마리가 싸우지 않는 듯하다면, 신입묘를 케이지에서 꺼냅니다. 두 마리의 거리가 멀더라도 싸우지 않는다면 문제는 없으며, 이제부터 본격적으로 같은 공간에서 지내도록 합니다. 자연스럽게 사이가 좋아질 수도 있고, 원활하게 친해지도록 보호자가 할 수 있는 방법도 있습니다.

➡ 대면할 때 보호자가 할 수 있는 방법은 110페이지

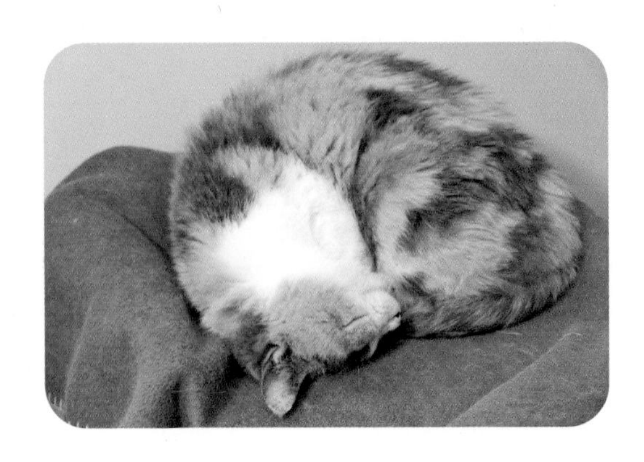

거리를 좁히는 방법

기본적으로 고양이의 양육, 고양이와의 생활은 고양이를 중심으로 생각합니다.
다묘양육에 관해서 다행인 것은, 고양이들끼리의 기질이 맞지 않아 싸움만 일삼는 경우는 그리 많지는 않다는 것입니다.
대신에 고양이들끼리 사이가 좋아지기까지 오랜 시간이 걸릴 수 있는데, 1년이 걸리는 경우도 있다고 알려져 있습니다. 그리고 보호자가 기대하는 만큼 사이 좋은 관계가 되지 않고, 서로 각자의 페이스대로 생활하는 경우도 많습니다. 어떤 경우라도 무리하게 친하게 만들려고 하기보다는, 고양이의 페이스를 지켜주는 것이 중요합니다.

싸움이 나면 방치하지 않는다

심한 싸움은 고양이의 부상으로 이어집니다. 신입묘를 케이지에서 꺼낸 후 어느 한쪽이 화를 낸다면, 바로 분리하여 신입묘를 케이지에 다시 들여놓습니다. 그리고 나서 당분간(적어도 1일)은 그 상태로 상황을 지켜봅니다. 고양이는 변덕이 심해서 싸움을 했더라도 성격이 맞지 않은 것 때문이기보단 어느 한쪽의 기분이 좋지 않았을 가능성도 있습니다.

고양이의 대면은 갑작스럽게 하지 않고, 서서히 거리를 좁혀 나간다.

고양이들끼리 친숙해지게 만드는 방법

28 가능한 한 자연스럽게 사이가 좋아지길 바란다

선주묘를 먼저 배려하고, 성묘를 위한 높은 곳의 자리를 준비하는 등 보호자가 마련할 수 있는 꿀팁도 있다.

대면 꿀팁

'고양이와의 생활에서는 고양이가 중심'이라고 말하지만, 보호자는 가능한 한 자연스럽게 고양이들의 사이가 좋아지길 바라게 됩니다.

대면을 하는 데에도 보호자가 할 수 있는 특별한 방법이 있습니다. 물론, 어느 쪽이든 고양이가 싫어하지 않거나, 혹은 고양이에게 스트레스가 되지 않는 것을 전제로 합니다.

자연스럽게 대면시키는 꿀팁

자연스럽게 대면시키기 위해서 보호자가 할 수 있는 방법 중 하나는 두 마리가 같은 공간에서 생활하기 전 각각 다른 공간에서 생활할 때 적용하는 방법으로, 분리되어 있을 때 서로의 채취가 묻은 타올이나 물건 등을 교환해 주는 것입니다. 이렇게 하면 보다 자연스럽게 서로의 존재에 대해 익숙해진다고 여겨집니다.

또한 한 공간에서 케이지를 이용해 생활하는 것이 가능한 후부터는, 선주묘가 신입묘에게 가까이 다가가지 않는다면, 선주묘를 안고 신입묘를 소개하는 방법도 있습니다.

신입묘를 케이지에서 꺼낼 때는, 신입묘를 안고 선주묘에게 소개하는 방법이 있습니다. 이 경우 신입묘를 선주묘에게 가깝게 접촉시키지 않고, 선주묘가 다가와 주기를 기다리는 것이 좋습니다.

동거가 익숙해지기까지의 꿀팁

다묘양육에서는 기본적으로 먼저 있던 선주묘를 우선합니다. 특히 신입묘가 케이지 밖으로 나와 같은 공간에서 생활을 막 시작할 시기에는 식사를 주는 순서, 간식을 주는 순서 등에서 선주묘를 우선하도록 신경을 씁니다.

그리고 서로 간에 거리를 둘 수 있도록 숨을 장소를 만드는 것도 좋습니다. 예를 들어 신입묘가 새끼 고양이라면 선주묘를 위해 새끼 고양이가 오를 수 없는 높은 공간을 준비합니다.

임시보호기간 동안 예의주시

대부분의 보호묘시설에서는 정식으로 입양을 하기 전에 2주 정도 '임시보호기간'을 두고 있습니다. 어떤 사람들은 이 기간을 '보호묘시설에서 새로운 보호자가 확실하게 양육할 수 있는지 확인하는 기간'이라고 생각할 수도 있습니다. 이 말도 틀린 말은 아니지만, 임시보호기간은 '선주묘와 신입묘가 함께 행복하게 생활할 수 있을까'를 살펴보는 기간이기도 합니다.

고양이에게도 개성이 있으며 궁합의 문제가 있으므로, 두 마리의 기질의 합이 맞지 않다고 해서 그것이 보호자의 책임은 아닙니다. 계속 싸우기만 하지는 않는지 등 궁합을 확실히 살펴봅시다.

개인 간의 거래에도 시범기간을 둔다

개인에게서 새로운 고양이를 입양하는 경우에도 가능하면 시범기간을 계획하는 것이 이상적입니다. 나중에 후회하여 '역시 기를 수 없어'라며 양육을 포기하는 문제로 발전하는 경우도 있으므로, 정식으로 입양하기 전에 '2주 정도 모습을 살펴보기 원한다.'라는 의사를 밝히고 양해받도록 합시다.

POINT

- 고양이들끼리 자연스럽게 허물없이 사귈 수 있도록, 고양이를 안고 소개하는 등의 보호자가 할 수 있는 방법도 있다.
- 정식으로 입양을 하기 전에 임시보호(시범)기간에 고양이들 사이의 궁합을 살펴본다.

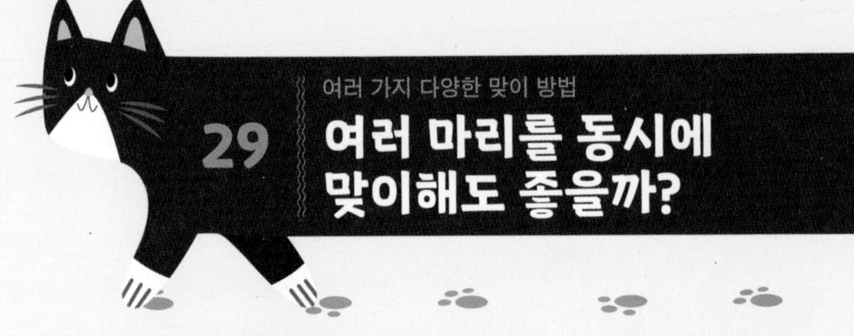

여러 가지 다양한 맞이 방법

29 여러 마리를 동시에 맞이해도 좋을까?

비용이나 공간의 문제는 있으나, 여러 마리의 자묘를 동시에 맞이하는 것은 그렇게까지 어렵지는 않다.

여러 마리를 동시에 들이는 경우

다묘양육을 시작할 때 여러 상황이 있을 수 있습니다. 여기에서는 대표적인 예에 대해 적절한 방법을 소개합니다.

먼저, 동시에 여러 마리의 신입묘를 입양하는 경우, 자묘(특히 형제)이면 케이지 등으로 한 마리씩 분리할 필요는 없습니다. 자묘는 영역의식이 없으므로 사이좋게 생활합니다. 반면 '성묘 2마리'와 같은 조합은 될 수 있으면 피하는 것이 좋습니다. 새로운 환경에서의 적응은 성묘 한 마리라고 하더라도 쉽지 않은 일이며, 여러 마리를 동시에 들인다면 그만큼의 공간과 시간 등이 더 필요합니다.

형제의 다묘양육

다묘양육의 조합으로 가장 자연스럽게 어울릴 수 있는 조합은 혈연 관계가 있는 조합입니다.

일반적으로 고양이는 생후 2~9주 정도에 다른 고양이를 포함해 자신 이외의 동물과 관계(고양이의 사회성)를 형성한다고 알려져 있습니다. 이 시기에 형제들과 지내다 보면 깨무는 힘의 가감 등을 자연스럽게 배울 수 있게 됩니다. 또, 형제와 놀면서 스트레스를 해소합니다. 처음으로 고양이와 함께 산다면, 한 마리보다는 형제 고양이 두 마리를 맞이하는 것이 보호자의 부담이 적다는 설도 있을 정도입니다.

물론, 그만큼의 식대 비용이 더 늘어나는 점 등 충분한 검토는 필요하나, 형제를 동시에 입양하여 행복한 생활을 보내는 것이 어려운 일만은 아닙니다.

다른 선(先)거주 동물이 있는 경우

'다묘양육'은 여러 마리의 고양이를 동시에 함께 양육하는 것이지만, 다른 선(先)거주 동물이 있는 경우에 신입묘를 입양하는 방법의 핵심도 확인해 둡시다.

개와 같이 실내를 자유롭게 이동하는 동물이 있는 경우의 대면은 기본적으로 선주묘가 있는 경우와 마찬가지로 같습니다. 가능하면 서로 다른 공간에서, 이것이 어렵다면 케이지를 이용해서 일정한 공간 내에 선거주한 동물이 들어오지 않도록 하고, 먼저 신입묘가 새로운 환경에 익숙해지도록 합니다.

또한, 선거주 동물과 신입묘가 싸우지 않고 같이 생활할 수 있을지 여부 역시 궁합의 문제가 크며, 경우에 따라 다릅니다. 특히 신입묘가 자묘라면 그 외의 동물과도 자연스럽게 사이가 좋아지는 경향이 있습니다.

집에 아기가 있는 경우

아기 혹은 어린이가 있는 가정에서 고양이를 입양하는 경우에는, 고양이뿐만 아니라 아기 혹은 어린이에게도 충분한 배려가 필요합니다.
아기의 경우, 생각지 못한 문제를 예방하기 위해서도 보통은 별도의 방이나 공간에서 생활하는 것이 좋습니다. 그리고 고양이와 아기의 접촉은 어른의 눈이 닿는 곳에서 합니다. 그리고 아기는 흥미로운 것을 입에 넣기 때문에, 고양이 식사 사료와 고양이 모래는 아기의 손이 닿지 않는 곳에서 관리합니다. 빠지는 털도 아기가 입에 넣지 않도록 집 안 청소도 자주 하도록 합시다.
어린이의 경우, 어린이는 예상치 못한 행동을 할 때가 있기 때문에, '사랑스러운 고양이가 싫어하는 것은 하지 않기'라는 규칙을 확실히 가르칩니다.

관계를 과신하지 않기

SNS 등을 보면 고양이가 앵무새같이 작은 새, 토끼 등의 작은 동물들과 사이좋게 놀고 있는 사진이나 영상이 많이 공개되어 있습니다. 특히 자묘 때부터 같이 살면 고양이는 다양한 동물과도 잘 어울릴 수 있습니다. 다만 고양이는 사냥 본능이 강한 동물이어서 어떤 일을 계기로 공격할 수 있는 가능성이 있는 것도 부정할 수는 없습니다.

어떤 반려동물일지라도 모두가 소중한 생명이므로, 서로 부딪치는 일이 없도록 양육하는 것이 안전합니다.

POINT

- 새끼 고양이들끼리는 처음부터 같은 공간에서 양육할 수 있다.
- 신입묘를 케이지에 넣는 등의 방법으로 선거주 동물에게 점차 익숙해지도록 한다.

입양자 찾는 법

30 입양자(양부모)를 찾고 싶다…

고양이는 평생양육이 원칙. 어쩔 수 없이 입양자를 찾아야 하는 경우에는 입양자 모집 사이트 등에서 찾는 방법이 있다.

평생양육이 원칙

다묘양육을 시작한다면, 원칙은 최후의 끝까지 함께 사는 것입니다. 어떠한 이유라도 고양이를 떠나보내야 하는 상황이 일어날 가능성이 있다면 다묘양육을 시작해서는 안 되며, 번식 예정이 없다면 사랑스러운 고양이에게 중성화 수술을 시키는 것이 기본입니다.

다만 버려진 고양이를 보호하는 경우나, 새로운 입양자를 찾지 않으면 안 되는 경우도 있을 수 있습니다. 이런 경우에는 '인터넷 입양보호자 모집 사이트를 이용'하는 등의 방법도 있습니다.

[입양보호자를 찾는 주요 방법]

- ▶ **친구나 지인**: 친구나 지인에게 책임감을 가지고 고양이를 양육할 수 있는지, 혹은 그러한 사람이 주변에 없는지 물어본다.
- ▶ **인터넷 입양보호자 모집 정보 사이트**: 인터넷이 보급되면서, 최근에는 인터넷 입양정보 사이트를 이용하는 것이 가장 대중적이다.
- ▶ **입양보호자 모집 브로셔**: 브로셔를 만들어 동물병원 등에 게시한다.

보호묘시설에 맡기는 방법도

또 다른 방법으로는, 각 지자체에서 운영하는 보호묘시설에 맡기는 것도 한 가지 선택지이지만 가능 여부는 시설마다 다릅니다. 다만, 맡아 준다고 해도 비용이 들게 되고(생후 91일령 이상 한 마리당 4,000엔 정도), 무엇보다 살처분의 가능성을 부정하지 못합니다. 그리고 NPO법인단체 등에서 운영하고 있는 보호묘시설 중에도 고양이를 받아 주는 곳이 있지만 이 경우에도 유료(생후 91일령 이상 한 마리당 2,000엔 정도)입니다. 원래부터 보호묘시설은 계획 없이 양육할 수 없게 된 고양이를 받아 주기 위한 시설이 아닙니다.

POINT

어쩔 수 없이 입양보호자를 찾아야 하는 경우에는 인터넷을 이용하는 등의 방법이 있다.

모두가 행복하게 지낼 수 있는 힌트

새롭게 입양으로 맞이한 고양이가
선주묘와 어떤 관계를 맺게 될지는 궁합 나름입니다.
고양이의 개성에 맞춰주는 것이 다묘양육의 기본으로,
보호자의 작은 노력이
모두의 행복한 생활로 이어질 수 있습니다.

고양이의 개성과 키우는 방법

31 신입묘가 기운이 없어보여…

스트레스가 원인이 되어 컨디션이 나빠질 수 있다.
개체별 성격과 그 당시의 감정에 맞춘 양육방법을 마음에 새긴다.

고양이의 개성과 양육 방법의 기본

사람과 마찬가지로 고양이에게도 개성이 있어 각각의 성격이 다릅니다. 그리고 감정이 있으며 무엇이 기쁜지, 무엇이 싫은지는 성격에 따라 다릅니다.

사랑스러운 고양이와 행복한 생활을 보내는 핵심 중 하나는, 그 고양이의 성격을 알고 필요에 맞춰주는 것입니다.

예를 들어 놀기를 좋아하는 고양이라면 보호자가 같이 놀아 주는 것을 좋아하지만, 반대로 노는 것을 별로 좋아하지 않는 고양이는 보호자가 무리하게 놀아 주려고 하면 스트레스를 받을 수도 있습니다.

고양이 개성의 이해

고양이는 말을 할 수 없기 때문에 감정이나, 그 감정의 기본이 되는 성격은 보호자가 관찰하는 데 달립니다. 특히 감정이 잘 드러나는 것이 행동입니다.

알기 쉬운 예는 무엇인가를 강하게 경계하고 있을 때로, 그때에는 털을 곤두세우고 '샤-'라고 소리내면서 대상을 위협합니다.

또한, 고양이의 그 당시의 감정은 꼬리의 움직임이나 울음소리, 혹은 표정으로도 나타납니다.

다묘양육에서는 같은 방에 있어도, 모두가 쾌적한 시간을 보내고 있다고는 볼 수 없습니다. 각자의 감정을 이해할 수 있도록, 평상시에 잘 관찰합시다.

➡ 고양이 기분 이해의 자세한 정보는 126페이지

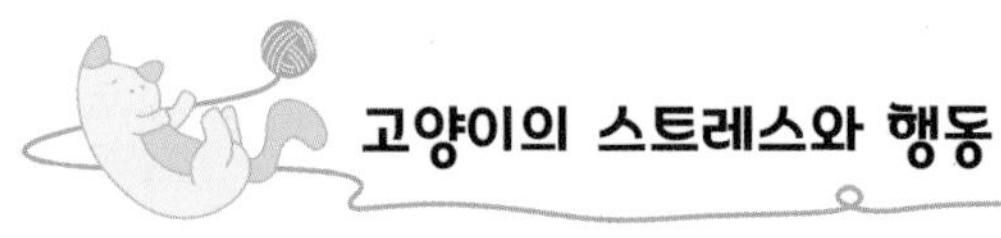

고양이의 스트레스와 행동

일반적인 고양이의 성격은 '타고난 것'과 '환경'에 따라 결정된다고 합니다. '환경'에 대해서는 특히, 새끼 고양이일 때의 성장 환경이 중요하며, 115페이지의 내용과 같이 생후 2~9주령 즈음에 다른 고양이를 포함한 자신 이외의 동물과의 관계(고양이의 사회성)를 몸에 익힌다고 합니다.

따라서 새끼 고양이 시기에 사람에게 학대를 당한 경험이 있는 성묘는 그다지 사람을 좋아하지 않는 성격을 지니며, 사람과의 과도한 소통이 스트레스가 되는 경우도 있습니다.

개중에는 사람과의 소통을 좋아하지 않는 고양이도 있다.

대표적인 스트레스에 의한 행동

고양이는 스트레스를 받으면 일부러 고양이 화장실 이외의 장소에 용변을 보는 경우가 있습니다. 이런 행동을 보이는 경우에는 스트레스의 원인을 알아내고 신속히 요인을 제거합시다.

[주요 스트레스 시그널]

▶ **식욕 감퇴**: 스트레스를 받으면 활력을 잃는 고양이가 많다. 특히 현저한 증상으로는 식욕의 감퇴로, 먹는 양이 이전보다 줄어들었다면 스트레스를 받고 있을 가능성이 있다.

▶ **다른 장소에 배설**: 고양이는 스트레스를 받으면 고양이 화장실 이외의 장소에서 배설을 하는 경우가 있다. 다만 이런 문제는 스프레이 행위(25페이지)나 화장실 이용이 불편한 경우도 원인이 되므로, 여러 가지 면에서 재검토해야 한다.

▶ **타인에게 공격**: '보호자를 물어뜯기', '동거묘에게 진심으로 싸움 걸기' 등의 공격적인 행동도 스트레스가 원인일 수 있다. 고양이 양육 분야에서는 '전가 행동'이라는 용어가 있으며, 이는 짜증이 나 상한 기분을 관계없는 사람이나 물건에 부딪는(전가하는) 행동이다. 전가 행동은 스트레스를 받은 고양이가 하는 행동으로, 공격받은 고양이도 마찬가지로 스트레스를 받게 된다.

성격과 환경

성격은 새끼 고양이일 때의 환경의 영향이 크지만, 현재의 환경에 따라서도 변화합니다. 다만 바로 바뀌지는 않으니, 장기적인 관점에서 바라보아야 합니다.

- 고양이에게도 개성이 있으므로 그에 맞춘다.
- 식욕이 없어지는 등 고양이는 스트레스를 느끼면, 그것이 행동으로 나타난다.

고양이의 기분 이해(몸짓이나 표정)

32 꼬리의 움직임으로 기분을 알 수 있다?

고양이는 감정을 몸짓이나 표정으로 나타낸다.
꼬리를 곧게 수직으로 세우는 것은 어리광을 부리는 표현이다.

몸짓이나 표정과 감정

고양이의 그때의 감정을 이해하는 것은 같은 지붕 아래에 사는 모두가 행복하게 지내는 데 도움이 됩니다.

고양이의 개개의 감정은 몸짓과 표정으로 알 수 있다고 알려져 있습니다. 꼬리의 움직임도 그중에 하나입니다. 보통 때의 평온한 상태에서는 꼬리를 아래로 축 내리고 있습니다.

[꼬리의 움직임과 감정]

▶ 꼬리를 크게 흔든다

꼬리를 크게 이리저리 흔드는 행동은 스트레스가 쌓여 있거나 짜증 나고 화가 나 있는 때라고 여겨진다. 고양이를 안을 때 꼬리를 이리저리 움직인다면 안는 것을 싫어할 가능성이 있다.

▶ 수직으로 세운다

꼬리를 곧게 수직으로 세우고 가까이 다가온다면 '기쁘다', '보호자에게 어리광 부리고 싶다'라는 감정일 때라고 한다. 밥을 먹고 싶을 때에도 이런 행동을 하는 경우가 있다.

꼬리의 끝만 움직이는 것은 눈앞의 뭔가 궁금한 것이 있을 경우라고 한다.

울음소리와 감정

울음소리도 사랑스러운 고양이의 감정을 알 수 있는 힌트가 됩니다. '냥' 하고 짧게 우는 소리는 보호자나 동거묘에게 인사를 하는 것이라고 합니다. 주의해야 할 것은 '걋' 하고 큰 소리로 비명을 지르는 것 같은 울음소리로, 이는 꼬리를 밟히는 등 순간적으로 아픔을 느꼈을 경우 등에 내는 소리입니다.

개체차가 있다

여기에서 소개하고 있는 내용은 어디까지나 일반적인 예입니다. 고양이에 따라서는 표현이 다른 경우도 있으므로, 역시나 평상시에 사랑스러운 고양이를 잘 관찰하는 것이 중요하겠습니다.

자세와 감정

자세와 감정에 대해서는, 특히 잘 알 수 있는 것이 공격 태세를 갖춘 때로, 이때는 허리를 높이 올린 상태에서 앞다리에 힘을 주어, 언제든지 뛰어 날 수 있도록 준비하는 자세입니다.

한편, 겁이 날 때에는 몸을 작게 해서 웅크리는 자세를 취합니다.

표정과 감정

사람과 마찬가지로 고양이도 감정이 얼굴에 나타납니다. 특히 귀는 고양이가 자신의 의지대로 움직일 수 있는 신체 부위이며, 기본적으로 집중해서 듣고 싶은 방향으로 향합니다. 또한 귀와 감정의 관계에 관해서는, 뭔가 흥미를 보이는 경우 귀를 쫑긋 세우는 것으로 알려져 있습니다.

그리고 상대를 위협할 때에는 입을 벌리며 최대한 공격적인 표정을 짓습니다. 내심 겁을 먹고 있는 경우도 있기 때문에, 사랑스러운 고양이가 이런 표정을 짓지 않도록 주의를 기울입니다.

자는 모습과 감정

'배꼽하늘'은 고양이의 대표적인 귀여운 자세입니다. 배꼽하늘은 하늘을 보고 누워 배꼽을 천장으로 향하게 하는 자세이며, 고양이는 이 자세로 잠을 자기도 합니다.

고양이와 같이 사족보행인 동물은 배가 약점인데, 배꼽하늘은 이 약점을 드러내는 자세가 됩니다. 결국, '배꼽하늘로 자는 것'은 보호자를 포함하여 그 환경이 안전하다고 느껴 신뢰하고 있는 증거라고 볼 수 있습니다.

POINT

- 고양이는 감정이 몸짓이나 표정에 나타난다.
- 사랑스러운 고양이의 감정을 알기 위해 평상시에 몸짓이나 표정을 관찰한다.

고양이의 기분 이해(동거묘와의 관계)

33 고양이들끼리 사이가 좋은 정도의 기준은?

몸을 서로 맞대어 잔다든지, 서로를 핥아 주는 행동은 서로를 신뢰하는 모습으로 볼 수 있다.

고양이들끼리의 거리와 친밀도

고양이들끼리의 거리는 곧 친밀도를 나타내는 간격이기도 합니다. 다묘양육을 시작하고 고양이들이 모여 같이 자게 되었다면, 2마리의 관계는 이미 괜찮습니다. 자고 있을 때에는 무방비가 되기 때문에 서로 가까이에서 잔다는 것은 상대를 신뢰하고 있다는 의미입니다. 그리고 17페이지에서 다룬 내용처럼, 고양이가 다른 고양이의 몸을 핥는 것도 사이가 좋다는 증거입니다.

고양이가 함께 자는 이유

잠을 자지 않을 때에도, 특히 새끼 고양이 형제들은 몸을 맞대고 있는 경우가 많습니다. 이는 다른 고양이와 몸을 맞대고 있으면 안심감을 얻을 수 있기 때문이라고 여겨집니다.

또한 고양이들끼리 몸을 맞대고 있는 것은 추위를 막기 위한 방법으로, 고양이가 보호자와 같이 자는 이유 중 하나로, '따뜻해서'를 들 수 있습니다.

고양이 세계의 상하관계

사람은 집단으로 행동하는 생물체로, 사회를 형성하고 상하관계가 있습니다. 고양이의 세계도 이와 마찬가지로 '보스 고양이'란 말도 있습니다.

확실히 다묘양육에서 먹이를 줄 때 선주묘를 우선하는 것이 좋다는 점을 보면, 고양이의 상하관계를 전혀 의식하지 않아도 되는 것은 아닙니다.

다만 고양이 세계의 상하관계는 아주 애매해서, 확실하지 않다는 것이 통설입니다. 가족 안에서 양육하고 있는 경우, 엄마와 딸에게 하는 고양이의 태도가 다르다면, 이는 상하관계를 의식한다고 보기 어렵고 '그 사람이 좋은지 싫은지'가 기준이 될 수 있습니다.

장난치는 것과 싸움의 판별

다묘양육에서 어려운 점 한 가지는 '장난치는 것과 싸움의 판별'입니다. 고양이가 진심으로 다른 고양이에게 싸움을 걸어 공격한다면, 공격당한 고양이가 상처를 입을 수 있으므로 주의가 필요합니다. 먼저 알아 두어야 할 점은, 실내 양육의 경우에는 진심으로 싸우는 경우가 매우 드물다는 것입니다. 그 이유 중 하나는, 길고양이 사이에서는 먹이를 둘러싼 영역 싸움이 있지만, 실내에서 자란 고양이에게는 '먹이가 없다'라는 염려가 없기 때문입니다. 그리고 중성화 수술을 하고 나면, 이성을 찾는 데 진심인 경우도 많지 않습니다.

한편, 진심으로 싸우는 것처럼 보이지만 장난의 범위에 들어가는 경우도 적지 않습니다. 고양이는 이러한 행위로 스트레스를 발산하므로 다툴 것 같은 낌새가 느껴진다고 해서 반드시 곧바로 중재를 해야만 하는 것은 아닙니다.

진심으로 싸움

상황에 따라 다르지만 일반적으로 장난을 치는 경우 발톱을 드러낸 앞다리로 상대의 얼굴을 공격하는 일은 없다고 합니다. 즉, 그런 공격을 한다면 진심으로 싸우는 것이므로 중재가 필요합니다.

➡ 싸움을 말리는 방법에 대한 자세한 정보는 142페이지

[진지한 싸움의 특징]

▶ **공격 방법**: 발톱을 드러낸 앞다리로 상대의 얼굴을 공격한다. 그리고 살짝 무는 것이 아닌, 상대가 비명을 지를 정도로 강하게 물어뜯는 것도 진지한 싸움이다.

▶ **으르렁 소리**: '샤-'라고 소리 내어 위협하거나, 보통 때는 잘 내지 않는 으르렁 소리를 내는 것은 장난 치는 것이 아니다.

▶ **집요한 공격 태세**: 기본적인 장난은, 한쪽 고양이가 도망가면 그것으로 끝난다. 도망치는 고양이를 집요하게 쫓아가며 주위를 맴돈다면 중재가 필요하다.

POINT

- 같이 자는 등 고양이들끼리의 거리가 가까워진 것은 사이가 좋아졌다는 증거이다.
- 발톱을 드러내 상대의 얼굴을 공격하는 진지한 싸움에는 중재가 필요하다.

고양이와의 커뮤니케이션

34 같이 놀아주지 않는다…

놀이는 고양이가 놀고 싶을 때에….
고양이와의 커뮤니케이션은 고양이의 기분을 잘 살펴보고 한다.

함께 놀자

'안아주기', '쓰다듬기' 등 사랑스러운 고양이와 소통하는 방식에는 여러 가지가 있습니다. 함께 놀아 주는 것도 그중 하나입니다. 다묘양육의 장점 중 하나가 '고양이들끼리 같이 놀며 자기들의 스트레스를 발산하는 것'이지만, 경우에 따라서는 보호자도 같이 놀아 주면 고양이는 기뻐합니다. 일반적으로 고양이는 지구력이 그렇게 높지 않고 집중력도 오래 지속되지 않으므로, 한 번 놀아 줄 때에는 15분 정도 놀아 주는 것이 좋습니다.

[고양이와 놀 때의 주의사항]

▶ **싫증 남에 주의**: 놀이 1회의 기준은 길어도 15분 정도가 좋다.

▶ **기분을 파악**: 놀이는 강제적으로 하지 않고, 고양이가 놀고 싶어 할 때 같이 논다.

▶ **취향(기호) 판단**: 고양이는 장난감의 종류를 포함하여 노는 방식에도 취향이 있다. 여러 가지를 시도하여 사랑스러운 고양이가 좋아하는 방법을 고른다.

고양이를 안아 준다

고양이를 안는 것은 동물병원에 갈 때 등 필요할 때도 있으니, 될 수 있으면 평상시에도 익숙해져 있는 것이 좋습니다.

안는 방법은, 귀엽고 사랑스러운 고양이가 빠져나가지 못하게 나의 몸과 고양이를 밀착시켜 양팔을 사용하여 안정적으로 안는 것이 기본입니다. 그런 다음 고양이가 안심하고 몸을 맡길 수 있도록 상황에 맞춰 팔의 위치 등을 조절합니다. 안기는 걸 싫어하는 것 같으면 무리하지 말고 조금씩 익숙해지도록 합니다. 가능하다면, 어릴 때부터 안아 주면 안기는 걸 싫어하지 않는 고양이로 자라게 됩니다.

고양이 쓰다듬기

고양이에게는 쓰다듬어 주기를 바랄 때(혹은 쓰다듬어도 괜찮을 때)와 쓰다듬어 주는 걸 싫어할 때가 있습니다. 일반적으로는 고양이가 편안한 상태로 옆으로 누워 있을 때에는 쓰다듬어 주며 소통할 수 있는 좋은 기회입니다.

반대로 밥을 먹을 때나 놀고 있을 때에는 쓰다듬지 않는 것이 좋습니다.

또한 고양이는 턱 부분을 쓰다듬어 주면 좋아합니다.

[쓰다듬어 주면 기분이 좋은 부위]

▶ **얼굴 주변**: 턱이나 머리 등 얼굴 주변은 쓰다듬어 주면 좋아한다.

▶ **등**: 등은 앞다리의 어깨에서부터 꼬리 방향으로, 털이 나 있는 방향으로 쓰다듬는 것이 기본이다.

▶ **꼬리 뿌리**: 꼬리가 시작되는 등 부분을 톡톡 가볍게 쳐 주면 좋아하는 고양이도 있다.

고양이에게 말을 건다

고양이에게 말을 거는 것도 소통하는 방법 중 한 가지입니다. 개체차가 크지만 개중에는 이름을 부르면 답을 하는 고양이나 옆으로 다가오는 고양이도 있습니다. 큰 소리로 부르면 깜짝 놀랄 수 있기 때문에, 부드럽고 밝은 톤으로 말을 걸어 봅시다.

혼내는 것은 의미가 없다

고양이는 본능에 따라 행동하기 때문에 때로는 보호자를 곤란하게 하는 행동을 할지라도 나쁜 일을 하려던 것은 아닙니다. 또, 보호자가 꾸중을 해도 자신의 행동과 꾸짖는 것을 연결 지어 생각하지 못합니다. 그러므로 꾸중을 해도, 혼을 내도 의미가 없습니다.
고양이를 때리는 것은 물론, 때리려는 자세를 취하는 것도 'NG'로, 이런 일이 반복되면 고양이는 보호자를 믿지 않게 됩니다.
예를 들어 고양이가 먹어 버릴 수 있는 위험한 것은 방치하지 않도록 하는 등 고양이 예절교육은 곤란한 행동의 원인이 되는 요소를 없애는 것이 기본입니다.

- 고양이와 소통을 할 때에는 고양이의 기분을 살펴서 한다.
- 보호자에게 곤란한 행동은, 그 요소를 미리 제거하여 대응한다.

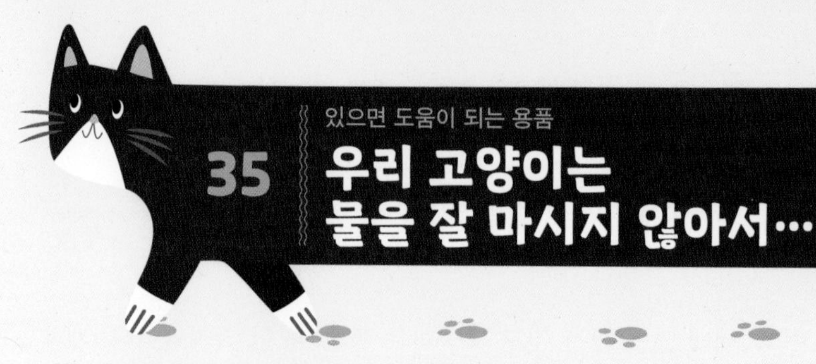

있으면 도움이 되는 용품

35 우리 고양이는 물을 잘 마시지 않아서…

시판 중인 순환식 급수기를 사용하면 물을 잘 마시게 되는 경우도 있다. 필요에 따라 용품을 사용한다.

건강에 도움이 되는 용품

애묘인의 증가와 과학기술의 발달로 인해, 편리한 양육 용품들이 늘어나고 있습니다. 여기에서는 특히 다묘양육에 도움이 되는 용품을 소개하겠습니다.

먼저, 최근 특히 애묘인 사이에서 인기 있는 용품 중 하나가 독특한 모양의 스테인리스 브러쉬입니다. 이것으로 고양이의 몸을 가볍게 쓰다듬기만 해도 빠지는 털을 많이 제거할 수 있습니다. 털이 집 안 곳곳에 떨어져 있는 상태를 방지하는 것은, 모구증 대책에도 도움이 되는 것으로 여겨집니다.

모구증(毛球症)이란

모구증이란 고양이가 그루밍을 할 때 조금씩 먹게 되는 털이 위나 장의 소화기관 내에 털뭉치(헤어볼)로 되어, 여러 가지 증상을 일으키는 병입니다.

스크레쳐 겸 침대

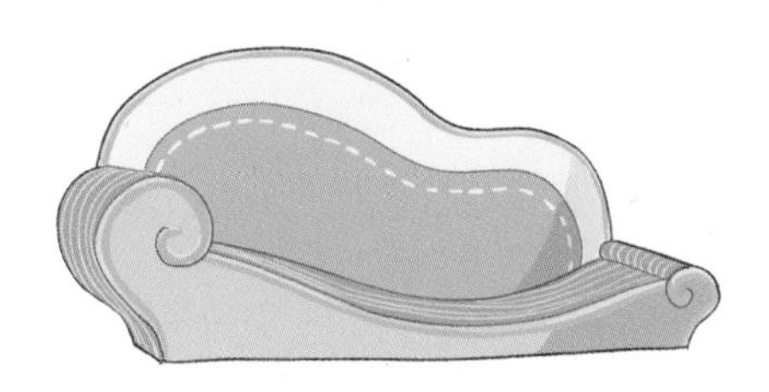

다묘양육에서는 장난을 치며 놀 때 다른 고양이에게 상처를 내지 않도록 발톱이 길지 않은 게 좋습니다.

보호자가 정기적으로 발톱을 깎아 주는 것뿐 아니라, 스크레쳐는 반드시 준비해 둡시다. 고양이 침대로도 사용하는 스크레쳐는 실용성도 높고, 보기에도 좋습니다.

순환식 급수기

'순환식 급수기'란 내부에 모터 펌프가 탑재되어 있어 그 펌프를 사용하여 물을 돌돌 순환시키는 급수기를 말합니다. 사람과 마찬가지로 고양이도 건강을 유지하기 위해서는 적절한 수분 보충이 필요한데, 물을 별로 마시지 않는 고양이도 있습니다. 고양이는 고여 있는 물보다는 흐르는 물을 좋아하는 경향이 있기 때문에 순환식 급수기는 고양이가 스스로 물을 잘 마시게 하는 데 도움이 됩니다.

아이디어를 살린 제품

고양이가 안에 들어가서 달릴 수 있는 '햄스터용 회전판'을 크게 만든 형태의 '캣 휠'과 고양이용 두더지 잡기 등 최근에는 아이디어를 살린 제품(장난감)의 종류가 다양해지고 있습니다. 고양이마다 취향은 다르지만, 관심을 가지는 물건을 찾았다면 우리의 귀엽고 사랑스러운 고양이는 즐겁게 운동부족을 해소하고 스트레스를 발산할 수 있습니다.

다묘양육에 도움이 되는 용품

용품 중 다묘양육에 도움이 되는 용품도 있습니다. 펫시트는 그중 하나로 아주 유용합니다.

예를 들어, 일반적으로 고양이 화장실은 고양이 모래를 사용하지만 그 주위에 펫시트를 깔아 두면 주위가 지저분해지는 것을 방지할 수 있습니다.

식품 보관용 밀봉 집게

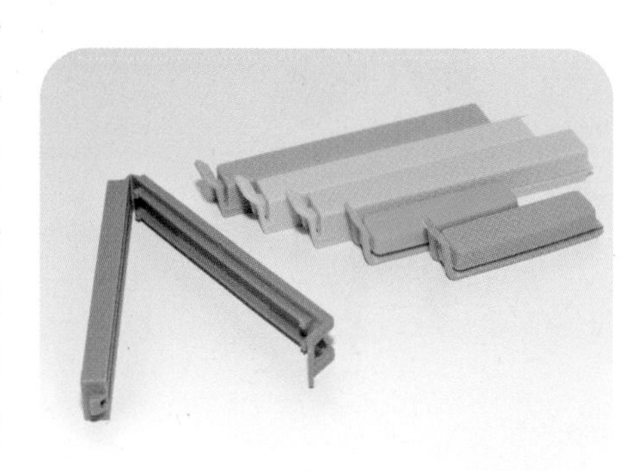

개봉한 건식 사료는 가능한 한 공기에 노출되지 않도록 식품 보관용 밀봉 집게로 입구를 막으면 좋습니다. 집게는 100엔숍(예, 다이소)에서 판매하고 있으며, 고양이 사료 팩의 긴 입구에 맞춰 제작된 제품도 판매하고 있습니다.

POINT

- 최근에는 여러 종류의 고양이용 용품이 판매되고 있어 건강 유지에 도움이 되는 제품도 있으니 필요에 따라 이용하면 좋다.
- 펫시트 등과 같이, 다양한 아이디어에 따라 여러 가지로 활용 가능한 제품도 있다.

다묘양육의 문제 대책(고양이들끼리의 싸움)

36 싸울 때는 어떻게 대응하나?

실내에서 생활하는 고양이는 싸움을 걸기보다는 장난을 치는 경우가 많다. 중재하기 전에 주의 깊게 지켜보자.

고양이들끼리의 싸움

다묘양육을 할 때 발생할 수 있는 문제 중 하나가 '고양이들끼리의 싸움'입니다. 이 문제에 대해 알아 두어야 할 정보로는 먼저, 특히 실내에서 키우는 고양이들끼리는 진심으로 싸우는 것이 아니라 서로 장난치는 경우가 많다는 것입니다. 그리고 자묘가 혹은 자묘에게 성묘가 진심으로 공격하는 경우는 거의 없습니다.

고양이들은 장난을 치며 스트레스를 해소하기 때문에 자칫 싸우는 것 같아 보여도 장난치며 노는 것이면 중재할 필요가 없습니다.

또한 무리하게 중재하려고 하면 흥분해 있는 고양이에게 공격을 당해 보호자가 상처를 입는 경우도 있습니다. 보호자 자신도 상처를 입지 않도록 주의해야 하며, 역시 싸움인지 장난인지를 구분할 수 있도록 관찰이 필요합니다.

➡ 싸움의 판단에 대한 상세한 정보는 132페이지

싸움을 예방

길고양이의 싸움은 먹이를 둘러싸고 많이 발생합니다. 그러므로 특별한 상황을 제외하고는 극도로 배가 고픈 상태가 되지 않도록 하는 것이 싸움을 예방하는 데 도움이 됩니다. 그리고 공격성이 감퇴되는 중성화 수술도 싸움을 미연에 방지하는 데 도움이 됩니다.

고양이 세계에서의 따돌림(이지매)

고양이는 단독행동을 좋아하는 경향이 있어 고양이의 사회에서는 집단으로 한 마리의 고양이를 공격하는 이지매는 잘 일어나지 않습니다.

만약 이런 경우가 발생했다면 특별한 이유가 있을 것입니다. 지역의 동물보호센터에서 상담을 받도록 합시다.

싸움을 멈추는 방법

혹시라도 고양이들이 싸우고 있다면 싸움을 멈추게 하는 방법으로 서로의 주의를 다른 곳으로 돌리는 것이 기본입니다. 예를 들면 '손뼉을 치며 큰 소리 내기' 등이 있습니다.

금지해야 할 행동으로는 서로 떨어뜨리려고 손을 내미는 것으로, 손을 내밀면 흥분한 고양이에게 공격을 당해 보호자 자신이 상처를 입을 수 있습니다.

[고양이들끼리의 싸움을 멈추게 하는 방법]

▶ **소리로 주의를 끈다**: 갑자기 큰 소리를 내거나 손뼉을 치는 등 소리를 내어 주의를 끈다.

▶ **분무기를 사용**: 분무기를 사용하여 고양이에게 물을 뿌린다.

▶ **수건을 던진다**: 수건처럼 맞아도 다치지 않는 물건을 고양이에게 던진다.

싸움으로 상처를 입었다면

싸움이 끝나서 사랑스러운 고양이들이 침착해졌다면 먼저 몸에 상처가 없는지 잘 살펴봅니다. 눈으로 확인할 수 있는 정도의 긁히거나

찢어진 상처는 물론이고, '어느 부위에 신경을 쓰고, 자꾸 핥지는 않는지', '걸음걸이는 이전과 같은지' 등 행동도 확인합시다.

고양이가 상처를 입었다면

모습을 관찰하고 이상이 발견되면 신속하게 동물병원으로 데리고 갑니다. 보호자가 상처를 처치할 수 있는 방법은 많지 않습니다. 예를 들어, 작은 상처라고 해서 보호자가 소독을 잘못하면 반대로 상처의 치료 시기가 늦어지는 경우도 있습니다.

또한 고양이들끼리의 싸움이 일어났다면, 원인을 확실히 파악하고 재발하지 않도록 예방책을 세우는 것이 중요합니다.

보호자도 병원에

싸움을 중재하려다 고양이에게 공격을 당해 보호자가 상처를 입었을 경우, 보호자도 병원에 가서 치료를 받는 것이 좋습니다.
주의해야 할 점은 상처를 입은 후 조금 지나서(3~10일 정도 지난 후) 상처 주변이나 림프절이 붓는 경우입니다. 이런 증상이 나타난다면 '고양이할퀸병'의 가능성이 있습니다. '고양이할퀸병'은 세균에 의한 감염병입니다.

POINT

- 실내 양육의 고양이는 장난 치는 경우가 많으니, 상황을 잘 파악한다.
- 싸움을 멈추는 방법으로 손뼉을 치는 등 고양이의 주의를 다른 곳으로 돌리는 것이 기본이다.

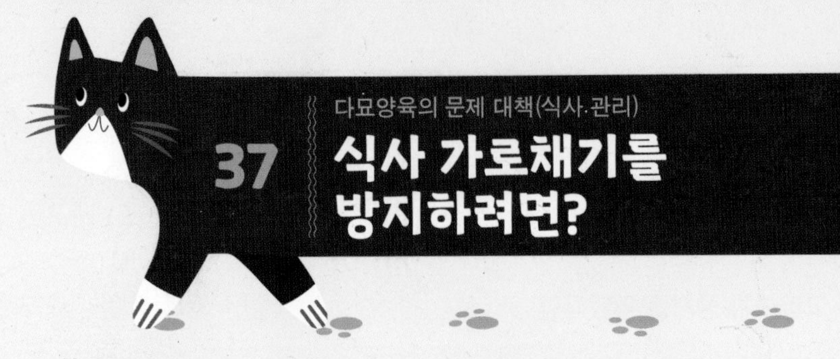

다묘양육의 문제 대책(식사·관리)

37 식사 가로채기를 방지하려면?

야단치지 말고 식사를 주기 전에 이름을 부르는 등 밥그릇을 가로채지 않도록 방법을 고안하는 것이 중요하다.

먹이 뺏기 예방의 기본

먼저, 다묘양육의 경우 먹이를 줄 때에는 한 그릇에 주어 다 같이 먹게 하는 것보다 가능한 한 각 고양이마다 개별 그릇에 나누어 준비하는 것이 이상적입니다. 이렇게 하면 각 고양이에게 맞는 적절한 양과 내용의 식사를 줄 수 있습니다.

다묘양육에서 발생하는 일반적인 식사 문제로는, 고양이가 다른 고양이의 먹이까지 먹어 버리는 일이 흔히 일어나는데, 이런 문제로 골치가 아픈 보호자가 적지 않습니다.

식사를 가로채는 것을 예방하기 위해 보호자가 할 수 있는 방법은, 먼저 사랑스러운 고양이들의 식사 모습을 평상시에 관찰해 두는 것입니다. 관찰하지 않으면 그 고양이가 다른 고양이의 먹이까지 다 먹어 버리는 사실을 알 수 없는 경우가 생깁니다.

건강상 문제가 있는 고양이의 식사 가로채기는 방치하지 않는다

우리 사람과 마찬가지로 고양이에게도 식사는 건강한 생활을 위해 중요한 요소입니다. 고양이의 건강 상태에 따라 다르지만 보호자는 식사 가로채기를 방치하지 말고, 확실하게 방지해야 합니다. 가로채기는 하는 쪽도, 당하는 쪽도 모두에게 좋지 않지만, 특히 문제가 되는 것은 대체로 가로채기를 하는 쪽의 고양이입니다. 가로채기를 하면 필요 이상으로 칼로리를 섭취하게 되어, 이것이 비만으로 이어지기도 합니다. 또한 비만은 관절염이나 심장병을 비롯한 내장기능 장애의 원인이 됩니다.

가로채기가 좋지 않은 또 다른 이유는, 이는 식사의 내용이 서로 다른 경우 적합하지 않은 식사를 먹게 되기 때문입니다. 예를 들어, 처방식을 먹어야 하는 고양이가 그렇지 않은 음식을 먹게 되면 처방식의 충분한 효과를 얻지 못할 가능성이 있습니다.

먹이 주는 아이디어

137페이지에서 설명한 대로 고양이를 야단치는 것은 아무런 의미가 없습니다. 먹이의 가로채기에 대해서는 사전에 그러한 일이 일어나지 않도록 보호자의 노력과 기지가 요구됩니다.

그중 하나는 먹이를 줄 때 '무기짱~ 밥이다~'와 같이 대상이 되는 고양이의 이름을 부르는 것입니다. 이렇게 하면 고양이는 그 식사가 자기 것인지를 알고, 다른 용기의 식사는 자기 것이 아닌 것을 인식하여 이로써 가로채기를 하지 않는 데 도움이 됩니다.

그리고 먹이를 주는 순서는 선주묘를 우선하여 주는 것이 좋습니다. 그렇지 않으면 선주묘의 기분을 나쁘게 하여 그것이 가로채기로 연결되는 경우가 있습니다.

밥그릇을 거리 두어 떼어 놓는다

밥그릇을 어느 정도 거리를 두어 놓아 주는 것도 보호자가 할 수 있는 방법 중 하나입니다. 이렇게 고양이 간 거리를 두어 먹이를 주는 방법은 물론, 다른 방에서 따로 먹이를 주는 것도 좋은 방법입니다. 그리고 케이지 안에서 먹이를 먹게 하는 방법도 좋습니다.

먹고 남은 사료는 그대로 방치하지 않는다

식탐이 많은 고양이가 있다면, 먹고 남은 것을 그대로 두면 식탐 많은 고양이가 먹어 버릴 수 있습니다. 기본적인 먹는 속도는 고양이마다 다르지만, 욕심쟁이 고양이의 가로채기를 예방하고 싶다면 식사 시간 30분 정도 후에 남은 것을 정리하도록 합시다.

먹이를 빼앗아 먹는 이유

자신의 먹이를 다 먹고 다른 먹이를 탐내는 것은 물론 자기 먹이는 남기고 다른 먹이를 탐내는 고양이도 있습니다. 이런 행동의 이유로 정확하게 알려져 있는 것은 없지만, '남의 떡이 더 커 보인다'의 속담처럼 고양이에게도 같은 먹이지만 옆에 있는 먹이가 더 맛있게 보이는 심리라고 여겨지고 있습니다.

보호자는 너무 무리하지 말기

나의 사랑스러운 고양이를 위해 이상적인 환경을 만들어 주고자 할 때 필요 이상으로 이상을 추구하면 현실과의 괴리 때문에 보호자가 스트레스를 받는 경우가 있습니다. 고양이 식사에 관해서는, 고양이 사료 봉지에 표기된 양을 하루에 2~3회 나누어 주는 것이 올바른 방법이라고 알려져 있지만, 양육 중인 모든 고양이에게 똑같이 식사를 주어도 좋은 상황에서는(욕심 많은 먹보 고양이가 없는 경우), 사료를 밥그릇에 채워 놓는 방식(일명, '사료 방치')으로 관리를 해도 큰 문제가 되지 않습니다. 중요한 것은 보호자가 '할 수 있는 만큼' 하는 것입니다.

- 특히 건강상 문제가 있는 경우는 식사의 가로채기에 주의한다.
- 가로채기는 먹이를 주는 방법으로 예방한다.

다묘양육 문제 대책(양육공간의 관리)

38 고양이가 좋아하는 장소는 모두 같은 곳?

고양이가 좋아하는 장소에는 각각의 성향이 있다.
장소 싸움이 나지 않도록 좋아할 만한 장소를 가능한 한 많이 준비해 둔다.

고양이가 좋아하는 장소

고양이들은 각자 자기가 좋아하는 장소가 있어 그곳에서 휴식을 취합니다. 알기 쉬운 예가 잠자리입니다. 많은 고양이들은 잠자리가 정해져 있어 매일 밤 같은 장소에서 잠을 잡니다. 다만 계절이나 기분에 따라 가끔 잠자리를 바꾸는 경우도 있습니다.

다묘양육을 하게 되면 한 공간을 다수의 고양이가 좋아해 서로 차지하려고 싸우는 데에서 스트레스를 받을 수 있습니다.

장소를 둘러싼 쟁탈전

자기가 좋아하는 공간에서 쉬려고 하던 고양이가 거기에 다른 고양이가 있는 것을 보았을 때 하는 행동은 그 고양이의 성격이나 상황에 따라 달라집니다.

일반적으로는 이런 이유로 진지한 싸움이 벌어지는 경우는 거의 없습니다. 가장 흔한 행동은, 다소 진정이 되지 않은 모습으로 자신이 좋아하는 자리 주변을 어슬렁거리는 것입니다.

다른 행동으로는 '복도와 같이 별로 잠자리로 어울리지 않는 곳에서 잠을 잔다', '먼저 마음에 들었던 장소에 있는 고양이를 할짝할짝 핥는다' 등이 있습니다.

실내양육의 영역

실내양육의 고양이에게도 영역에 대한 의식은 있습니다. 하지만 길고양이처럼 강하지는 않은데, '거실은 나의 영역이니까 다른 고양이가 거실에 들어오면 공격한다'는 일은 기본적으로 일어나지 않습니다. 다만, 잠자리나 밥을 먹는 장소 등의 보다 좁은 자기의 영역 공간에 들어왔을 때는 위협하는 경우가 있습니다.

그리고 '몸을 비벼대는 행동', '기둥에 발톱을 가는 행동', '스프레이 행위(오줌을 갈기다)' 등은 자신의 영역을 표시하는 행동으로 알려져 있습니다.

좋아하는 장소의 관리

다묘양육 시에 고양이들끼리 지내며 자주 일어나는 문제에 대해서는 보호자가 그 원인을 미리 제거하는 것이 기본입니다. 고양이들이 좋아하는 장소에 대해서는 싸움이 일어나지 않도록 여러 장소를 준비해 둡니다.

고양이는 높은 곳을 좋아하고, 차분해질 수 있도록 어둡고 조용한 곳을 좋아하는 경향이 있습니다.

[고양이가 좋아하는 장소]

▶ **쾌적한 온도의 장소**: 여름에는 시원하고, 겨울에는 따뜻한 곳을 좋아하는데 고양이에게는 이런 곳을 찾아내는 것이 특기이다.

▶ **높은 장소**: 전체를 한눈에 볼 수 있어 안심한다고 한다. 또한 나무를 타고 오르는 것을 좋아하는 습성과도 관련이 있다.

▶ **어둡고 조용한 장소**: 어둡고 조용한 곳은 안정되어 잠을 잘 잘 수 있다.

▶ **좁은 장소**: 봉투나 상자 안과 같은 좁은 곳을 좋아하는 고양이가 많다. 자신의 안전을 확보할 수 있기 때문이라고 알려져 있다.

침대의 취향

고양이는 변덕스러운 면이 있는데 이것이 매력이기도 합니다.

예를 들면, 고양이가 좋아하는 침대가 있는데 이것을 다른 고양이도 좋아하여 똑같은 침대를 옆에 준비해 둔다 하더라도 그 새로운 침대를 꼭 좋아할 것이라고 확신할 수 없습니다. 생각지 못한 것을 좋아하는 경우도 있으므로, 여러 가지 물건으로 시도해 보는 것도 좋겠습니다.

내려오지 못하는 경우도

고양이는 높은 곳을 좋아하여 여러 곳을 올라가지만, 스스로 내려오지 못하는 경우도 있습니다. 그러한 경우는 보호자가 내려오는 것을 도와줍시다.

POINT

어둡고 조용한 곳 등 고양이가 좋아하는 장소는 되도록 많이 만들어 둔다.

다묘양육 문제 대책(타협이 되지 않을 때)

39 고양이들끼리 사이가 좋아지지 않을 때는?

빈번하게 진심으로 싸운다면, 케이지를 이용하는 등 생활 공간을 나누는 것이 기본이다.

보호자의 생각

다묘양육에서 고양이들끼리 서로 어울리지 못하고 사이가 계속 좋지 않다면 어떻게 해야 할까요?

먼저 고려해야 할 점은, 고양이는 단독행동을 좋아하는 동물이기 때문에 보호자가 생각하는 '다묘양육의 행복한 삶'의 이미지를 다시 한번 생각해 보는 것이 좋다는 것입니다.

지나친 기대를 하지 않고, 그릇된 인식을 갖지 않도록 주의해야겠습니다.

고양이에게 행복한 생활

예를 들어, 새끼 고양이 형제들은 같이 놀고 한 데 엉켜서 잠을 자는 것이 일반적으로, 개중에는 이런 모습을 보고 '다묘양육의 행복한 생활'이라고 생각하는 보호자도 있을지 모릅니다. 하지만 이것은 '형제', '자묘'라는 조건이 있기 때문이며, 다 성장한 성묘가 되면 형제라 하더라도 자신의 페이스대로 살아가게 됩니다.

상처를 입을 정도로 진심으로 싸우지 않고, 각자의 고양이가 건강하고 스트레스 없이 지낼 수 있다면, 그것이 바로 '다묘양육의 행복한 생활'이라고 하겠습니다.

고양이의 반항기

일반적으로 새끼 고양이 때는 천진난만하게 보호자와 같이 잘 놉니다. 이후 성장하면서 보호자와 잘 놀지 않게 되는 경우는 자주 있습니다. 또한, 고양이의 성장은 빨라서 생후 6주~2개월 정도부터 서서히 자립해 간다고 알려져 있지만, 이런 변화가 보호자에게는 반항기로 보일 수 있겠습니다.

타협이 되지 않는 경우의 대책

빈번하게 진심으로 싸우는 등 고양이들끼리 어떻게 해도 한 공간에서 어울리지 못하고 함께 지낼 수 없는 상황이라면 각자의 생활공간을 완전히 나누는 것도 대책 중 하나입니다.

예를 들어 1층과 2층으로 나누어, 각자가 오가지 않도록 탈주방지용 울타리 등으로 구획합니다. 이런 경우에도 당연히 각각 침대와 화장실 등을 준비합니다.

탈주방지용 울타리를
사용하여 잘 구획한다.

케이지로 나누기

주거환경의 문제 등으로 각각의 사랑스러운 고양이를 위한 생활공간을 만들 수 없는 환경이라면 케이지를 잘 활용하는 것도 좋습니다.

모든 고양이에게 평등하게 대하는 것이 다묘양육의 기본이므로, 가능한 한 고양이 수만큼의 케이지를 준비하고, 한 마리를 케이지에서 꺼낼 때는 다른 고양이는 케이지 안에 있도록 관리합니다. '잠을 잘 때는 각자의 케이지 안에서' 자도록 하고, 가능하다면 그때에는 서로의 모습이 보이지 않는 곳에 설치하는 것이 좋습니다.

상담하기

누군가에게 상담하는 것도 선택지 중 하나입니다. 고양이에게는 개성이 있으므로 상담을 하는 상대방은 이전의 보호자나 담당 수의사 등 각각의 사랑스러운 고양이를 잘 아는 사람이 좋습니다. 상담을 하면 보호자가 생각지 못했던 원인이나 방법을 찾을 수 있을지도 모릅니다.

고양이들끼리 어울리지 못하는 경우 '공간 나누기', '케이지를 이용하기' 등 서로 접촉하거나 마주치지 않는 환경을 만든다.

다묘양육 문제 대책(여러 가지 경우)

40 보호자 쟁탈전이 일어나면 어떻게 하나?

선주묘를 우선적으로 의식하면서, 양육하는 고양이에게는 모든 면에서 평등하게 대한다.

무엇인가 해주기를 바랄 때의 행동

고양이는 '질투가 많은 동물'이라고 표현되는 경우가 있습니다. 실제 보호자가 봐도, 샘을 내는 듯한 행동을 보이는 고양이가 있습니다.

질투 등을 포함해 보호자에게 무엇인가를 해 달라고 요구하는 표현에는 '보호자를 향해 울기' 등이 있습니다.

[고양이가 무엇인가를 해 달라고 요구할 때]

- **매달리기:** 안아 주기를 바랄 때 보호자에게 매달리거나 달라붙는 행동을 보이는 때가 있다. 고양이의 기분을 파악하기 쉬운 행동 중 하나이다.
- **일부러 장난치기:** 소변 실수(지림)를 한다든지, 물건을 떨어뜨리는 등의 행동으로 보호자에게 관심을 받고자 일부러 장난을 치는 경우도 있다.
- **보호자를 향해 울기:** 보호자를 향하여 우는 행동은 보호자에게 무엇인가를 해 달라고 요구하는 신호이다.
- **가볍게 깨무는 행동:** 고양이에 따라서는 관심을 가져 달라는 표현으로서 가까이 다가와 손을 가볍게 물기도 한다.

신문이나 노트북 위에 올라가기

보호자가 신문을 읽고 있을 때 신문에 올라가는 행동은 보호자에게 관심을 끌기 위한 표현일 수 있습니다.

노트북 작업 중에 노트북에 올라가는 것도 같은 이유이지만, 이 경우에는 '노트북 위가 따뜻해서'라는 또 다른 이유도 있는 것 같습니다.

보호자 쟁탈전

진지한 싸움으로 발전되는 경우는 적지만 다묘양육을 하는 보호자가 겪는 어려움 중 하나로 '보호자 쟁탈전'을 들 수 있습니다.

개중에는 보호자에게 안겨 있는 고양이에게 다른 고양이가 몸을 부딪는 일도 있습니다.

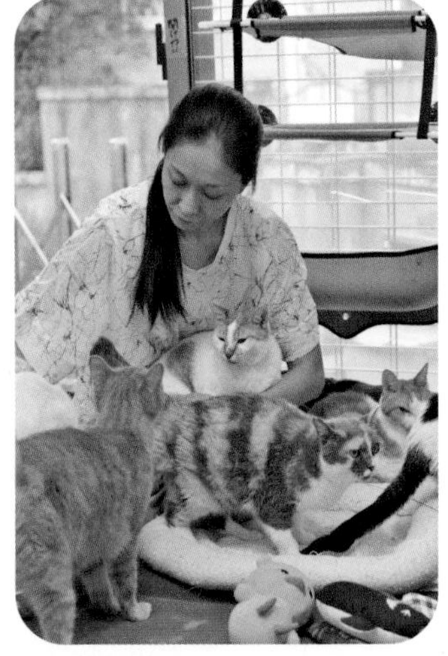

가능하다면 두 마리를 동시에 안아 주는 것도 좋다.

동일하게 대하기

보호자 쟁탈전에 대한 대책으로는 평등하게 대하기를 들 수 있습니다. 안기는 것을 좋아하는 고양이가 여러 마리일 경우에는 '이번에는 안아 주지 못한 고양이'가 없도록 순서대로 안아 줍니다. 이때, 선주묘를 우선적으로 안아 주는 것이 좋습니다.

장난감과 떨어지려 하지 않는 경우

평소 장난감을 가지고 잘 놀던 고양이가 언젠가부터 무언가에 달달한 간식이 들어 있는 것마냥, 장난감을 물고는 놓지 않고, 어떤 때는 으르렁거리는 경우가 있습니다.

이런 행동은 바로 고양이 안에 있는 야생 본능 스위치가 작동된 것이라고 여겨집니다. 게다가 독점하려는 욕구와도 관계 있는 것으로 보입니다.

다른 장난감으로 주의를 끈다

고양이의 집중력은 지속되지 못하므로, 기본적으로 언젠가는 진정되며 스스로 장난감을 내려놓습니다. 다만 잘못하다 삼킬 가능성이 있는 물건을 놓지 않을 때는 주의가 필요합니다. 삼키지는 않는지 확실히 고양이의 모습을 관찰하여 만약 삼켰다면 신속히 동물병원에 데리고 갑니다. 잘못 삼키는 것을 방지하기 위해서는 다른 장난감을 이용해 주의를 끌어, 물고 있던 장난감을 빼내는 등의 방법이 있습니다.

벌레를 잡아온다면

고양이라고 하면 쥐를 잡는다고 널리 알려져 있는데, 그 외에도 사마귀나 매미 등 커다란 곤충도 잡아 오는 경우가 있습니다. 고양이가 이런 것을 먹어도 괜찮을까요? 먼저 알아두어야 할 것은 잡아 와도 먹지 않는 경우가 많다는 것입니다. 그리고 먹었다고 하더라도 독은 없으므로 바로 문제가 되는 경우는 많지 않습니다. 하지만 야생 환경에서 자란 소동물이나 곤충은 기생충이나 균을 가지고 있는 경우가 있으므로, 이런 면에서는 주의가 필요합니다.

'무언가를 바라고 있지는 않은지' 등 사랑스러운 고양이의 모습에 최대한 관심을 가진다.

고양이 행동의 의미

41 꾹꾹이의 의미는?

고양이의 독특한 행동에는 의미가 있다. 쿠션을 좌우 앞발로 번갈아 가며 눌러주는 몸짓(꾹꾹이)은 어릴 때의 잔상(습관) 행동으로 여겨진다.

독특한 행동의 의미

다묘양육을 하다 보면 사랑스러운 고양이가 조금 독특한 행동을 하는 것을 보게 됩니다.

예를 들어, 쿠션이나 이불 같은 것을 좌우 앞발로 번갈아 가면서 밟는 몸짓은 '꾹꾹이'라 하는 애칭으로 익숙한, 고양이가 자주하는 행동 중 하나입니다.

이 꾹꾹이는 새끼 고양이가 어미의 젖을 먹을 때 모유가 잘 나오게 하려고 어미묘의 젖을 앞발로 누르는 행위의 잔상이라고 여겨집니다.

아무것도 없는 곳을 응시하는 것은?

고양이는 가끔 아무것도 없는 곳을 가만히 응시하는 경우가 있는데 이 모습을 '유령이 보인다'라고 표현하는 경우가 있습니다.

이런 행동의 이유는 명확히 밝혀지진 않았지만 몇 가지 설이 있습니다.

유력한 설은 사람보다 뛰어난 청각과 후각을 살려서 소리나 냄새가 나는 어딘가를 집중하여 바라보고 있다는 설입니다. 그리고 무언가 생각에 잠겨 있는 것이라는 설도 있습니다.

고양이 향상자 자세(식빵 자세)

'고양이 향상자 자세(식빵 자세)'는 고양이의 귀여운 몸짓(자세) 중 하나입니다. 향상자는 문자 그대로 향을 넣는 상자를 말하고, 모양이 직사각형입니다. 그리고 고양이의 향상자 앉기 자세(식빵 자세)는 양 앞다리를 접어서 몸의 아래에 넣고 앉는 자세로, 그 형태가 향상자(네모난 식빵)와 비슷하게 생겨 그와 같이 불리게 되었습니다. 이 자세를 취하면 급하게 일어날 수 없기 때문에 향상자(식빵) 자세를 한 고양이는 느긋하게 쉬고 있을 때 볼 수 있습니다. 또한, 이렇게 앉는 방법으로 차가워진 앞발을 따뜻하게 한다는 설도 있습니다.

'꾹꾹이' 등 고양이의 독특한 행동에는 각각의 의미가 있다.

다묘양육의 건강관리

귀엽고 사랑스러운 고양이들이 건강하게 지내기를 바랍니다.
이를 위해서는 조기발견, 조기치료가 중요하며, 보호자는 이상한 낌새가 있으면 즉시 알아챌 수 있어야 합니다.
여기에는 병에 대한 기초지식도 도움이 됩니다.

고양이 건강상 문제의 기본

42 고양이도 감기에 걸릴까?

고양이에게도 재채기나 콧물이 나는 증상의 고양이 감기라는 질병이 있다. 평상시에 건강 상태를 잘 관찰해야 한다.

고양이의 건강

우리 사람들과 마찬가지로 고양이도 병과 무관하지 않습니다. 귀엽고 사랑스러운 고양이들과의 행복한 생활의 근본은 건강입니다. 역시 조기발견·조기치료가 건강을 유지하는 핵심이 되기 때문에 평소에도 고양이들에게 변화가 없는지 잘 관찰합시다.

고양이 병에는 여러 가지 종류가 있고, 그중에는 걸리면 평생 달고 살아야 하는 병도 있습니다. 다만 다른 관점에서 본다면, 잘 관리하면 장수할 수도 있다는 의미이기도 합니다. 그런 의미로도 보호자에게는 병에 대한 올바른 지식이 요구됩니다.

고양이 감기

고양이도 몸이 힘들어지고 재채기나 콧물 같은 사람의 감기와 비슷한 증상을 보이는 경우가 있습니다. 이는 '고양이 감기'라고 불리며 때에 따라서는 코가 막히고 식욕이 없는 등 증상이 심해지면 폐렴으로 진행되는 경우도 있습니다. 고양이 감기의 원인은 기본적으로 바이러스입니다. 정기적인 접종이 권장되는 백신에는 고양이 감기를 예방하는 백신도 포함되어 있기 때문에 백신접종이 예방에 효과가 있다고 할 수 있습니다. 또한 바이러스가 원인인 고양이 감기는 사람에게는 전염되지 않으며, 이와 마찬가지로 사람의 감기 바이러스도 고양이에게는 전염되지 않습니다.

➡ 백신접종의 상세한 정보는 95페이지

코로나19와 고양이

코로나19 바이러스와 고양이와의 관계에 대하여 일본 후생노동성은 사람에게서 고양이나 개에게 감염되는 사례가 다수 보고되었다고 공표하였습니다. 한편 코로나19가 반려동물에게서 사람에게로 전염되었다고 보고된 사례는 없습니다. 다만 고양이가 코로나19 바이러스에 대한 감수성이 다른 동물에 비해 높다는 보고가 있다고 알려져 있습니다(2023년 1월 기준).

자주 걸리는 병(호발(好發) 질환)

고양이의 병의 원인에는, 감기와 같은 바이러스 외에 유전적인 요인도 있습니다. 또한 스트레스가 원인이 되는 경우도 있다고 알려져 있습니다.

자주 나타나는 병으로는 요로결석증과 방광염, 만성신장병 등을 들 수 있습니다. 여기의 방광염이나 만성신장병은 병발하는 경우도 많고, 방광염 혹은 만성신장병에 걸리는 고양이는 전체의 22%에 달한다는 데이터도 있습니다.

➡ 주요한 질병과 대책의 자세한 정보는 190페이지

주요 질병의 원인

고양이 질병의 주요 원인을 생각해 보면, 병에 걸리지 않도록 보호자가 할 수 있는 조치는 적지 않습니다.

[주요 질병의 원인과 보호자의 주의점]

▶ 바이러스:

'고양이바이러스성비기관염', '고양이백혈병바이러스감염증', '고양이면역부전바이러스감염증' 등 바이러스가 원인인 질병이 많다. 보호자가 할 수 있는 조치로는, '다른 고양이(길고양이)와의 접촉 피하기' 등을 들 수 있다.

▶ 스트레스:

'스트레스는 만병의 근원'으로 알려져 있는데 고양이도 사람과 다르지 않다. 증상으로 알아채기 쉬운 것은 '힘이 없어 보인다', '식욕이 없다' 등을 들 수 있다. 이는 '위장염' 등으로 진단되기도 한다.

보호자는 사랑스러운 고양이를 위해 놀 수 있는 공간을 확보하는 등 고양이가 스트레스를 받지 않도록 환경을 만들어 주는 데 확실히 신경을 쓴다.

▶ 유전성:

'다발성낭포신증', '비대형심근증' 등이 유전병으로 알려져 있다. 순수혈통의 경우 고양이 품종에 따라 발병되기 쉬운 병이 있다.

▶ 생활습관:

운동 부족이나 건강하지 못한 식습관도 병으로 이어진다. 생각하는 것에 따라서는 고양이에게도 생활습관 질환이 있다고 할 수 있다. 특히 비만은 주의가 필요하다.

고양이 질병에는 여러 가지가 있는데, 보호자는 확실히 환경을 마련하고 평상시에 사랑스러운 고양이의 모습을 주의 깊게 관찰한다.

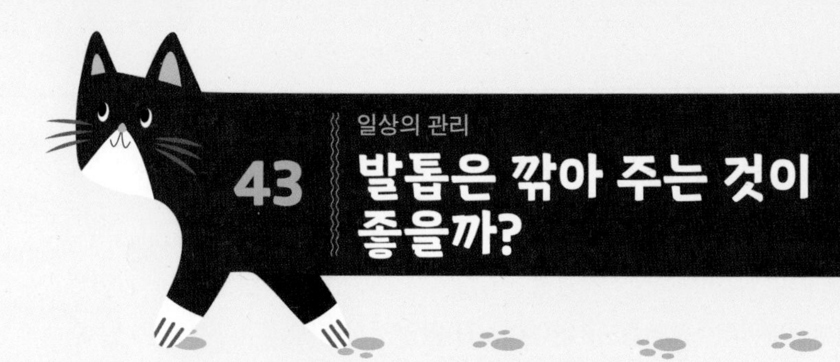

일상의 관리

43 발톱은 깎아 주는 것이 좋을까?

다양한 의견이 있지만, 특히 다묘양육에는 발톱깎이가 필요하다.

얼굴 손질

고양이는 자신의 얼굴을 스스로 닦기는 하지만 얼굴에 눈곱 등 더러운 게 묻어 있다면 닦아 주도록 합시다. 이러한 손질 관리는 눈물자국 변색(눈 주변이 눈물 성분에 의해 갈색으로 변하는 것)을 방지하는 데 도움이 됩니다.

방법으로는 깨끗한 면 등을 사용하여 특별히 눈에 상처가 나지 않도록 조심하면서 부드럽게 닦아 줍니다.

보호자가 하는 사랑스러운 고양이의 일상 손질에는 건강 상태를 확인하는 의미도 포함되어 있으므로, '눈 등이 평상시와 다른 곳이 없는지' 확인하면서 관리합니다.

코와 귀 그리고 턱

사랑스러운 고양이 코에 쉽게 뗄 수 있는 갈색의 코딱지 같은 이물질이 붙어 있는 경우에는 깨끗한 면이나 손으로 떼어 줍니다.

그리고 귀에 대해서는 원래 귀에 이상이 없으면 갈색 귀지는 그다지 나오지 않습니다. 그러므로 냄새나 발적이 없다면 무리해서 귀 청소를 해주지 않아도 괜찮습니다. 보이는 범위의 귀지가 신경 쓰인다면 청결한 물티슈로 닦아 줍니다.

또 다른 부분으로 턱은 고양이가 자기 스스로 그루밍을 하기 어려운 부위입니다. 더러워져 있다면 물에 적신 청결한 면으로 된 천으로 깨끗하게 닦아 줍시다.

면봉은 사용하지 않습니다

고양이의 얼굴 손질에 면봉은 사용하지 않는 것이 좋습니다. 눈 주변을 닦아 주려다 눈을 찌를 수 있는 위험이 있고, 귀도 면봉을 쓸 정도로 깊이 관리해 줄 필요가 없기 때문입니다.

고양이의 양치질

보호자가 고양이에게 양치질을 해주는 것이 좋은지는 의견이 분분하지만, 기본적으로는 양치질을 해주는 것이 좋다고 알려져 있습니다. 이를 위한 용품도 시판되고 있습니다.

발톱 손질(관리)

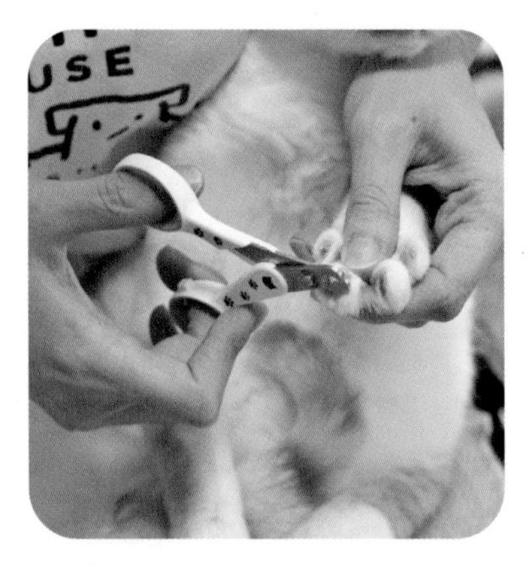

특히 다묘양육에서는 고양이들끼리 장난치다가 자기 발톱으로 상대에게 상처를 입히게 되는 경우가 적지 않습니다. 게다가 자란 발톱으로 커튼에 달려들었다가 발톱이 빠져 출혈이 발생하는 원인도 됩니다.

다묘양육에서는 일상적으로 발톱의 자란 상태를 확인하여 필요에 따라 발톱을 잘라 줍니다.

[고양이 발톱깎이]

▶ **필요한 용품**: '고양이용 발톱깎이'를 사용한다.

▶ **방법**: 고양이를 부드럽게 고정한다. 발바닥을 가볍게 눌러 발톱이 나오게 하고 끝부분을 자른다.

▶ **주기**: 발톱이 자라는 주기는 개별 차가 있어 성장별로 다르나, 대체적으로는 한 달에 한 번 정도가 기준이다.

▶ **주의점**: 발톱의 뿌리 안쪽은 혈관과 신경이 있으며, 이것은 투명하게 분홍색으로 보인다. 이 부위를 자르지 않도록 신중하게 자른다.

고양이 털 관리

원래 '그루밍'이란 동물들이 자신의 몸을 청결히 유지하기 위해 자기 스스로 하는 털 정리를 말하는데, 고양이의 세계에서는 보호자가 해주는 것까지 포함합니다. 또한 '브러싱'은 브러쉬를 이용하는 손질로 그루밍의 한 방법입니다. 보호자가 해주는 브러싱은 모구증(139페이지)을 예방하고 양육공간에 털이 빠져 날리는 것을 줄이는 데 도움이 됩니다. 털이 긴 종(장모종)의 고양이는 가능하면 매일, 털이 짧은 종(단모종)은 주 2~3회를 기준으로 하면 좋습니다.

고양이 목욕

보호자가 해줄 수 있는 털 관리에는 목욕(샴푸)도 있습니다.

먼저 고양이 목욕에는 다양한 의견이 있어, 하지 않아도 된다는 설도 있습니다. 단, 심하게 오염이 되었다든지 냄새가 신경 쓰인다면 목욕을 해주는 것이 좋습니다. 빈도에 관해서는 일반적으로 장모종은 한 달에 한 번 정도, 단모종은 6개월~1년에 한 번 정도를 기준으로 합니다.

전용 용품

브러싱에 사용되는 브러시는 다양한 종류가 시판되고 있습니다. 세트이므로 사용 대상인 고양이(털의 길이)와 용도를 확인하고 구입합시다.
고양이 샴푸도 마찬가지로 사람용이나 개용이 아닌, 고양이용이나 개고양이 겸용 제품을 사용합니다.

얼굴 손질 등의 사랑스러운 고양이의 일상 관리에서 건강 상태도 확인하기.

보호자가 할 수 있는 건강관리

44 건강은 어떻게 확인하나?

고양이는 건강한 척하는 경우가 있으므로, 체중이나 오줌의 양 등 객관적으로 판단할 수 있는 지표로 확인한다.

체중 확인

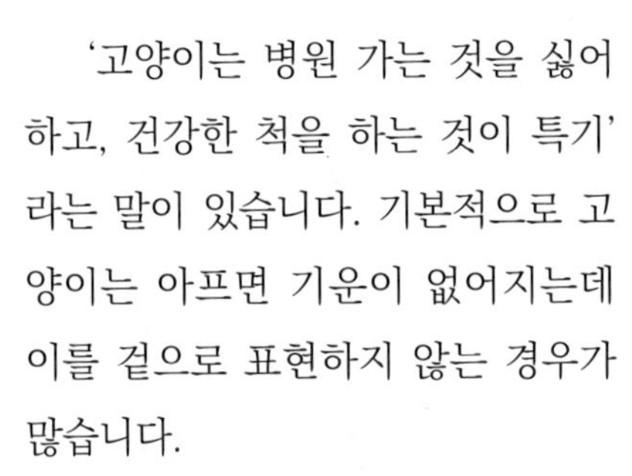

'고양이는 병원 가는 것을 싫어하고, 건강한 척을 하는 것이 특기'라는 말이 있습니다. 기본적으로 고양이는 아프면 기운이 없어지는데 이를 겉으로 표현하지 않는 경우가 많습니다.

그렇다면 어떻게 하면 좋을까요? 그중 하나가 '체중 확인'입니다. 고양이는 털이 많아 미세한 체중의 증감을 눈으로 확인하기는 어렵지만, 숫자는 거짓말을 하지 않습니다. 체중계를 사용하여 가능하면 주 1회, 적어도 월 1회는 체중 측정을 합시다.

체중 측정 방법

체중은 가능하면 세밀한 단위(적어도 10g)로 계측이 가능한 체중계를 준비하고, 그곳에 고양이를 올립니다. 펫용 저울이 시판되고 있기는 하지만 세밀한 단위로 측정할 수 있는 제품이라면 사람용 체중계도 좋으며, 보호자가 안고 측정하면 원활하게 측정할 수 있습니다. 이러한 경우는 고양이를 안고 있는 상태에서 보호자의 체중을 빼서, 고양이의 체중을 계산합니다.

주의해야 할 체중 변화

체중의 변화 중 특히 주의해야 하는 것은 급격한 체중의 감소입니다. 일반적으로 체중의 5% 이상 급격히 감소하는 경우 특별한 주의가 필요하고, 행동이나 모습에 변화가 있다면 동물병원으로 데려가는 것을 고려해야 합니다. 특히 10% 이상 체중이 감소되었다면 어떠한 병에 걸려 있을 가능성이 있습니다.

먹이를 먹는 양과 체중 감소

고양이는 먹는 양이 바뀌지 않아도 체중이 감소하는 경우가 있습니다. 그 이유 중 하나가 사료를 먹는 양은 바뀌지 않았지만 마시는 물의 양이 줄어들었기 때문입니다. 그리고 어디선가 숨어서 먹은 사료를 토해 내는 경우도 생각할 수 있습니다.

오줌 확인

또 한 가지 보호자가 쉽게 확인 가능한 것은 오줌(소변)입니다. 오줌도 체중과 마찬가지로 중요한 건강의 바로미터입니다.

오줌의 양이 증가하는 것은, 건강하고 식욕이 좋아보이더라도 신장병 등의 초기 증상일 수 있습니다.

고양이 화장실 모래가 커다랗게 뭉쳐 있다든지 펫시트가 무거워지는 등의 변화가 있다면 주의가 필요합니다.

건강검진

고양이에게도 정기적인 건강검진은 건강 유지에 도움이 됩니다.

고양이 건강검진은 최초 생후 6개월 이후에 하는 것이 일반적입니다. 그 후부터는 성묘는 1년에 1번, 노령묘와 지병이 있는 고양이는 6개월에 1회 이상 하는 것이 권장됩니다. 이런 빈도는 건강 상태에 따라 달라지기 때문에, 상세한 사항은 다니고 있는 동물병원에 문의하는 것이 좋습니다.

또한 건강검진을 받는 시기는 기본적으로 계절을 따지지는 않지만 봄에는 개의 예방접종 시기이기 때문에 병원이 혼잡할 수 있으니 피하는 것이 좋습니다. 또한 이동을 생각하면 여름은 덥고, 겨울은 추우니 고양이에게 부담이 덜 가는 가을이 가장 좋습니다.

[고양이의 건강검진]

▶ **내용**: 신체검사, 혈액검사, 요검사 등을 종합적으로 실시하여 건강 상태를 진단한다. 건강한 상태에서의 검사 수치는 질병에 걸렸을 때의 중요한 기준이 될 수 있기 때문에 건강할 때 검진을 하는 것이 좋다.

▶ **비용**: 건강검진을 받는 시설이나 내용에 따라 다르다. 대략 5,000~10,000엔 정도 소요된다.

▶ **주의점**: 기본적으로 건강검진은 병원에 예약을 하고 이동하는 것이 좋다.

POINT

- 체중과 오줌의 양은 평소에 잘 확인한다.
- 1년에 1회 기준으로 고양이 건강검진을 하는 것이 좋다.

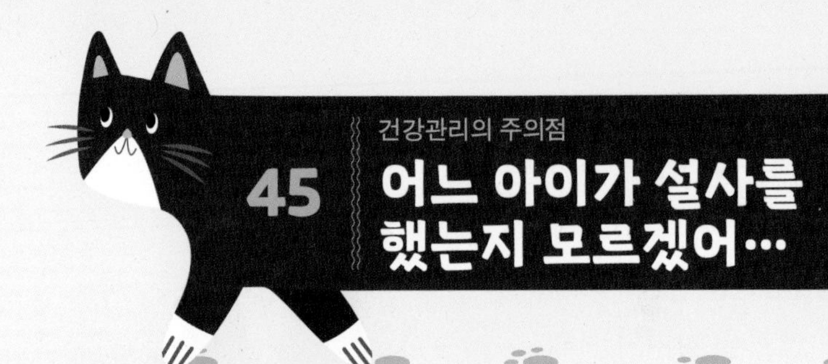

건강관리의 주의점

45 어느 아이가 설사를 했는지 모르겠어…

다묘양육에서는 컨디션이 안 좋은 고양이를 정확히 알아 내기가 어려울 때가 있다. 불안하다면 가능한 한 빨리 병원으로 데려가야 한다.

다묘양육의 어려움

176페이지에서 소개했듯이 고양이 오줌의 양은 건강 상태를 나타내는 바로미터입니다. 다만 다묘양육의 어려움 중 하나는, 화장실을 여러 고양이가 같이 사용하기 때문에 오줌의 양을 정확히 측정하기가 어려운 경우가 있습니다. 이 문제는 설사나 혈변, 구토 등 몸에 이상을 나타내는 증상에도 공통적이며, 다묘양육에서는 어느 고양이의 것인지 알아 내기 어렵습니다. 계속 옆에서 지켜볼 수 있다면 좋겠지만, 실제로는 쉽지 않습니다. 먼저, 이런 문제가 있다는 것을 아는 것이 중요하고, 상황에 따라서는 키우고 있는 모든 고양이를 병원에 데리고 가는 편이 좋을 수도 있습니다.

부상 주의

다묘양육은 외동묘양육에 비해 다른 고양이의 공격에 의한 부상이 많은 것이 특징입니다. 진심으로 싸우는 것은 물론 순간적으로 물거나 달려드는 일로 인해 다치는 경우도 있습니다. 사랑스러운 고양이가 상처를 입었다면 신속하게 동물병원으로 데리고 가는 것이 기본입니다.

변과 질병

고양이의 변과 건강의 관계에 대해서는, 먼저 혈변이 보인다면 바로 동물병원으로 데리고 가는 것이 기본입니다. 설사는 가벼운 정도라면 자연스럽게 회복될 수 있지만 '설사가 지속된다', '설사뿐만 아니라 구토도 하고 있다', '기운이 없다' 등의 증상이 나타나는 경우에는 수의사에게 진료를 받는 것이 좋습니다.

먹이 가로채기

다묘양육에서는 먹이 가로채기도 문제가 되기 쉽습니다. 먹이를 상시 두고 먹기를 기다리는 '자유식'은 물론이고, 각각의 고양이에게 전용 식기에 사료를 넣어 정해진 시간에 식사를 주어도 욕심쟁이 고양이가 다른 고양이의 먹이까지 먹어 버리는 일들이 있습니다. 따라서 컨디션이 안 좋아져 식욕이 감퇴하는 경우가 종종 있지만, 다묘양육 시에는 먹고 남긴 음식으로 판단하기 어려울 수도 있습니다.

➡ 먹이 가로채기의 상세한 정보는 146페이지

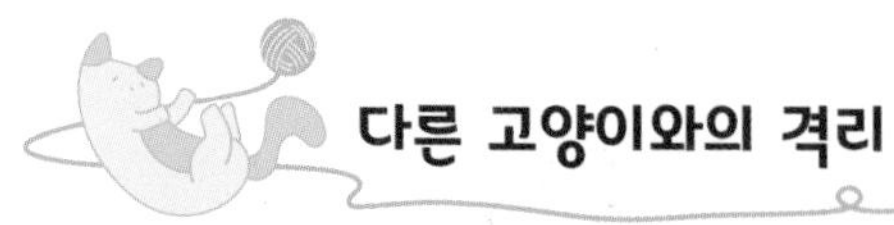

다른 고양이와의 격리

고양이 질병 중에는 '고양이범백혈구감소증'이라는, 고양이에서 다른 고양이로 전염되는 병도 있습니다. 고양이범백혈구감소증은 구토와 설사 등의 증상이 계속되어 악화되면 죽음에 이르기도 합니다. 기본적으로 백신으로 예방할 수 있지만, 예방접종을 하지 않은 고양이는 주의해야 하며, 상황에 따라 감염된 고양이와 다른 고양이를 격리하지 않으면 안 되는 경우도 있습니다.

이런 경우 수의사와 상담하여 방침을 정하게 되지만, 다른 병을 포함하여 때에 따라서는 먼저 고양이들끼리 접촉하지 않도록 격리하고 관리를 해야 하기 때문에 다묘양육에 있어서 보호자가 꼭 알아 두어야 하는 정보 중 하나입니다.

구토와 병

다묘양육에서 어느 고양이의 토사물인지 판단하기 어려울 때는, 먼저 토사물의 내용을 확인하는 것이 기본입니다. 자주 있는 일이 털뭉치를 토해내는 일입니다. 이런 일은 수개월에 한 번 정도의 빈도로, 토한 후에도 건강하다면 별다른 문제가 되는 경우는 많지 않습니다. 한편, 토사물의 색이 확실하게 이상한 경우나 이물이 혼합되어 있는 경우는 위험하다는 신호입니다. 또한, 토사물에 이상한 점이 보이지 않더라도 고양이의 모습이 이상하다면 스스로 판단하지 말고, 역시나 수의사와 상담하는 것이 좋습니다.

어느 고양이가 설사를 했는지 알 수 없는 다묘양육에서는 고양이들의 건강 관리에 어려운 면이 있다. 불안하다면 수의사에게 진료를 받는다.

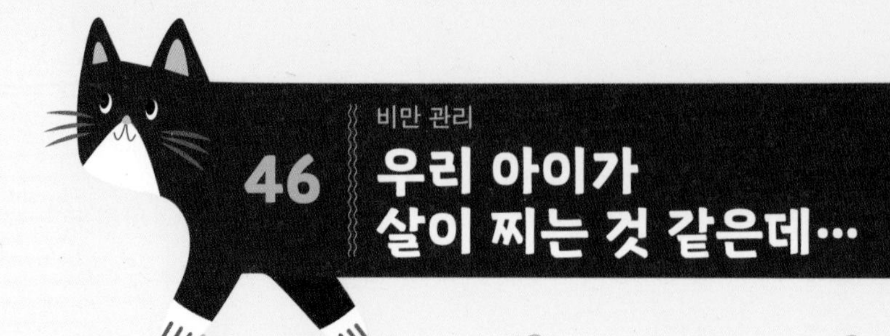

비만 관리

46 우리 아이가 살이 찌는 것 같은데…

비만은 건강상의 문제로 이어질 수도 있다. 식사 관리와 운동이 가능한 환경을 만들어 사랑스러운 나의 고양이의 이상적인 체형을 유지한다.

고양이의 비만

집에서 기르는 고양이는 길고양이보다 살이 찌기 쉽습니다. 그리고 우리 사람에게도 '비만은 건강에 좋지 않다'라고 알려져 있듯이 고양이도 살이 많이 찌면 바람직한 상태가 아니며, 관절염과 심장을 비롯해 내장기능 장애가 나타나게 됩니다. 그리고 다묘양육에서는 식사 관리가 어려운 경향도 있어, 특히 사랑스러운 고양이가 뚱뚱해지지 않도록 주의가 필요합니다.

➡ 먹이 가로채기의 상세한 정보는 146페이지

비만의 판단

비만에 주의를 기울인다 해도 고양이에 따라서는 크기와 체형이 달라지기 때문에 어느 정도 살찌면 조심해야 하는지 비만 정도를 판단하기가 쉽지 않습니다. 한 가지 지표로서 환경성이 공개한 「보호자를 위한 반려동물 식사 가이드라인 ― 개·고양이의 건강을 지키기 위해서」에 바디 컨디션 스코어(Body Condition Score, BCS)가 게재되어 있습니다. 고양이의 BCS는 5단계로 나뉘며, BCS5가 비만에 해당됩니다.

고양이의 BCS의 개요

BCS	비만도	판단 포인트
BCS1	마름	• 골격이 외부에서 눈으로 확연히 보임. • 목이 가늘고, 위에서 봤을 때 허리가 가늘고 잘록하게 들어가 있음. 옆에서 봤을 때 허구리 부분이 움푹 들어간 모습이 뚜렷함.
BCS2	약간 마름	• 사람이 등뼈와 갈비뼈를 쉽게 만질 수 있음. • 위에서 봤을 때 허리의 잘록함이 뚜렷함. 옆에서 봤을 때 허구리 부분이 약간 들어가 있는 모습.
BCS3	정상 체형	• 사람이 갈비뼈를 만질 수 있으나, 외부에서 갈비뼈의 형상이 드러나지는 않음. • 위에서 봤을 때 허리의 잘록함이 약간 있고, 옆에서 봤을 때 허구리 부분이 약간 들어가 있는 모습.
BCS4	약간 비만	• 갈비뼈가 만져짐. • 옆에서 봤을 때 배 부분이 약간 둥글게 보임.
BCS5	비만	• 두꺼운 지방층 때문에 사람이 갈비뼈를 쉽게 만질 수 없음. • 위에서 봤을 때 허리의 잘록함이 거의 없고 옆에서 봤을 때 배 부분이 둥글게 보임.

식사 관리

사람도 마찬가지이지만 고양이가 살찌는 이유도 섭취 칼로리가 소비 칼로리보다 많기 때문입니다. 동물은 몸을 움직이는 것은 물론이고, 호흡이나 생명을 유지하기 위해서도 칼로리를 소비합니다. 그 양보다도 섭취하는 칼로리가 많아지면 결과적으로는 체지방이 늘고 체중이 늘어 갑니다. 그러므로 사랑스러운 고양이가 비만이 되지 않게 관리하는 핵심 중 하나는 섭취 칼로리를 적게 하는 것입니다. 가장 간단한 것은 식사량을 줄이는 것이며, 1주일에 1~2% 정도를 기준으로 감량해, 이상적인 체형에 가까워지도록 합니다.

식사의 질을 바꾼다

섭취 칼로리를 관리하는 방법 중에는 양뿐만 아니라 질을 재검토하는 방법도 있습니다. 특히 최근에는 비만 관리에 유효한 여러 종류의 다이어트용 고양이 사료가 시판되고 있습니다. 사랑스러운 고양이의 기호도 고려하여 선택하는 것이 좋습니다.

운동으로 할 수 방법

비만 관리의 또 다른 방법은 소비 칼로리를 섭취 칼로리보다 늘리는 방법입니다. 이것은 평소의 운동량을 늘리는 방법입니다.

보호자가 할 수 있는 방법은, 사랑스러운 고양이가 자연스럽게 운동할 수 있도록 캣타워를 설치하는 등의 방법이 있습니다. 또한 함께 놀아주는 것도 고양이에게 운동하는 계기가 됩니다.

식사와 운동은 병행

실내에서 양육되는 고양이는 개와는 달리 함께 산책을 하지 않는 것이 일반적입니다. 또한 몸을 움직이는 것은 고양이 자신의 의지이며, 운동을 싫어하는 고양이에게 무리하게 운동시키는 것은 어렵습니다. '비만 관리를 운동으로만' 해결하기는 어려우며 식사와 운동을 병행하는 것이 좋습니다.

- 특히 다묘양육에서는 고양이 비만에 주의한다.
- 비만 관리는 식사와 운동의 병행을 고려한다.

최신 건강관리 용품

47 집을 비웠을 때의 모습이 염려된다…

집 안을 확인할 수 있는 용품과 오줌의 양을 확실히 파악할 수 있는 용품이 시판되고 있다.

펫카메라(pet camera)

나의 사랑스러운 고양이가 건강하게 잘 지낼 수 있도록 최신 기술을 탑재한 용품을 활용하는 것도 한 가지 방법입니다.

최근 특히 인기가 있는 것이 '펫카메라'입니다. 펫카메라는 스마트폰이나 태블릿으로 연동할 수 있어, 외출해서도 집에 있는 사랑하는 고양이의 모습을 살펴볼 수 있는 카메라를 말합니다. 실시간으로 집에 있는 사랑하는 고양이의 안전을 확인할 수 있습니다.

펫카메라가 인기.

펫카메라를 고를 때의 핵심

펫카메라라 하더라도 여러 가지의 상품이 시판되고 있습니다. 가격을 보아도, 대략 4,000~40,000엔 정도로 가격도 매우 다양합니다. 기본적인 성능은 가격에 비례하고, 고가의 상품일수록 추가적인 여러 가지의 기능이 탑재되어 있습니다.

펫카메라는 작은 새 등 다른 반려동물에도 사용할 수 있지만, 고양이처럼 방 전체를 돌아다니는 동물을 관찰하려면 방 전체가 보이는 제품이나, 목 부분이 회전되는 타입이 좋습니다.

[펫카메라의 다양한 기능]

- ▶ **통화 기능**: 펫카메라 안에 있는 스피커를 통해 집에 혼자 있는 고양이에게 말을 걸 수 있다.
- ▶ **급식 기능**: 자동으로 먹이를 줄 수 있다. 본체가 커서, 급식 기능이 있는 펫카메라보다는 펫카메라가 달려 있는 급식기에 더 가깝다.
- ▶ **자동추적 기능**: 고양이의 움직임에 따라 카메라가 움직여서 계속 모습을 지켜볼 수 있다.

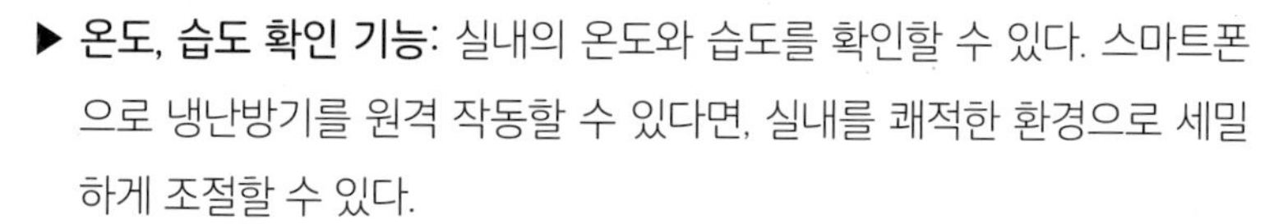

- ▶ **온도, 습도 확인 기능**: 실내의 온도와 습도를 확인할 수 있다. 스마트폰으로 냉난방기를 원격 작동할 수 있다면, 실내를 쾌적한 환경으로 세밀하게 조절할 수 있다.

스마트화장실

스마트화장실도 애묘인이 알아 두면 좋은 용품입니다. 이것은 '카메라 부착 화장실'이라고도 불리며, 그 이름에서 알 수 있듯이 카메라가 탑재되어 있는 화장실입니다.

고양이용의 스마트화장실은 사랑하는 고양이의 화장실에서의 모습을 영상과 정지화면으로 기록하는 것은 물론, 매일의 체중과 오줌량을 계측할 수 있는 용품입니다.

한편 고사양 스마트화장실 중에는 고양이의 얼굴을 인식할 수 있으며 한 개의 화장실로 여러 마리의 고양이 모습을 확인할 수 있어 다묘양육에도 적합합니다.

그리고 고양이의 체중 변화와 매일의 오줌량을 알 수 있는 제품 중에 기존의 고양이 화장실 바닥에 설치할 수 있는 보드 형식의 제품도 판매되고 있습니다.

그 밖의 제품들

펫카메라는 사랑스러운 고양이의 행동을 지켜보기 위한 제품인데, 이와 비슷하게 보호지킴 기능이 있는 제품으로 '스마트목걸이'가 있습니다. 스마트목걸이는 일반적인 목걸이처럼 목에 장착하는 것으로, 목 부위의 미세한 진동을 통해 어떤 행동에 해당되는지를 AI로 판단합니다.

즉 식사와 수분 보충, 배설 등의 일상적인 행동을 확인할 수 있습니다.

최신 기술을 활용한 고양이용 집

최신 기술을 활용한 고양이용 집(침대)도 있습니다.

이 제품은 바닥면을 시원하게 하거나 따뜻하게 할 수 있는 제품으로, 고양이에게 쾌적한 온도의 공간을 제공하는 용품입니다. 앱을 이용하면 스마트폰으로 조작할 수 있는 제품도 있습니다.

고양이 목에 방울

고양이에게 달아주는 물건이라면 고양이 방울을 떠올리는 사람이 많을 것입니다. '고양이와 방울'은 최근의 기술이 아니라 아주 오래전부터 지금까지 전해 오던 조합으로, 방울을 달면 보호자가 사랑스러운 고양이가 있는 장소를 알 수 있는 것이 장점입니다. 다만 고양이 중에는 방울을 싫어하는 고양이도 있기 때문에 방울을 달 때에는 고양이의 성격을 고려하여 결정합시다.

POINT

펫카메라나 스마트화장실 등 고양이의 건강 관리에 도움이 되는 용품에는 여러 가지 제품들이 있다.

주요 질병과 대책

48 고양이에게는 어떤 질병들이 있나?

고양이 질병에는 감염증과 내장질환, 사람과 마찬가지로 암도 있다. 보호자는 질병의 지식에 대해 잘 알아두자.

특히 자묘가 주의해야 할 병

고양이도 병과 무관한 동물이 아니기 때문에 양육하는 고양이 수가 늘어날수록 그만큼 건강상 문제가 일어날 가능성이 높아집니다. 그렇게 생각하면, 특히 다묘양육을 하는 보호자는 질병에 대해 더욱 알아두어야 합니다. 기본적으로 고양이의 병은 수의사에게 진료받지만, 보호자 역시 어떤 병들이 있는지를 알고 그 예방책을 강구하는 것이 중요합니다.

고양이는 호흡기를 조심해야 한다

여기서는 고양이의 성장 단계별로 나타나는 질병에 대해 소개하겠습니다. 먼저 새끼 고양이는 호흡기 감염증에 주의해야 합니다.

새끼 고양이가 특히 주의해야 할 질병

병명	개요	증상	예방책
호흡기 감염증 (고양이바이러스비기관염, 고양이칼시바이러스감염증)	호흡기에 문제를 발생시키는 바이러스성 질병	눈물, 많은 양의 눈곱, 재채기, 콧물 등	백신이 있다. (종합백신에 포함되어 있다.)
고양이범백혈구감소증	파보바이러스에 의해 발생되는 질병	발열, 구토, 설사	백신이 있다. (종합백신에 포함되어 있다.)

새끼 고양이는 실내양육을

백신의 효과가 확실하게 검증되어 있지 않은 '고양이면역부전바이러스감염증' 등과 같이 새끼 고양이에게 위험한 바이러스 감염증이 많이 있습니다. 이러한 질병들에 대한 제일의 예방책은 새끼 고양이를 밖에 내보내지 않는 것입니다.

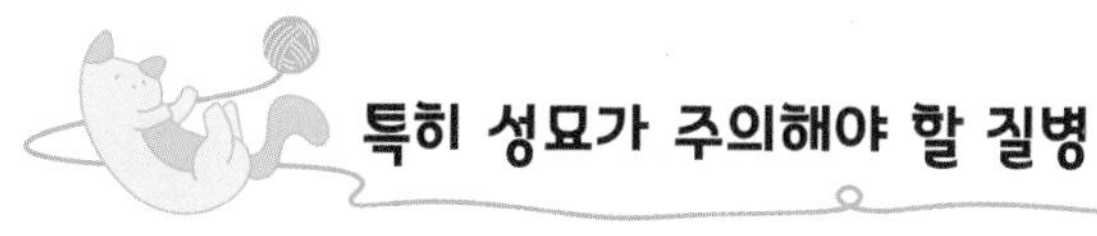

특히 성묘가 주의해야 할 질병

성묘에게는 특히 비뇨기계의 문제가 많은 경향이 있습니다. 여기에서는 고양이의 병을 성장 단계별로 나누어 설명하고 있지만 성장 단계

별이라 해도 어디까지나 경향을 나타내고 있기 때문에 어느 병이든 나이를 불문하고 주의해야 합니다.

성묘가 주의해야 할 주요 질병

병명	개요	증상	예방책
하부비뇨기증후군 (요로결석증, 방광염 요도 폐색)	요로결석증은 오줌 안에 결석이나 결정이 생겨 이것들이 요도에 장해를 일으킴. 방광염이나 요도 폐색도 비뇨기계 문제이다.	빈뇨, 혈뇨, 오줌이 나오지 않음 등 증상은 오줌으로 나타남.	조기발견이 중요. 평상시 고양이가 마시는 물의 양과 배뇨 횟수, 오줌색과 양을 정확하게 확인한다.
만성신장병	신장이 기능을 하지 못하는 병. 노폐물이 제대로 배출되지 않게 되어 결국에는 생명이 위험해진다.	다음(多飮), 다뇨, 마름, 구토, 식욕부진 등.	예방이 어렵고, 조기발견이 중요. 정기적인 혈액검사를 포함한 건강검진을 실시한다.
당뇨병	체내에 필요한 당을 제대로 흡수하지 못해 고혈당이 되어 과잉의 당이 오줌으로 배출되는 병. 진행되면 신장병 등의 합병증을 일으킨다.	다음, 다뇨, 초기에는 과식, 계속 진행되면 식욕부진과 체중감소 등.	많은 질병에도 공통되나, 비만을 방지하고, 스트레스가 없는 생활을 할 수 있도록 보호자가 생활환경을 갖춤으로써 예방이 된다.

특히 노령묘가 주의해야 할 주요 질병

다음에 정리된 내용 외에도 만성신장병 혹은 당뇨병은 노령이 되어서도 계속해서 주의를 요하는 병입니다. 또 관절염과 변비도 주의해야 합니다.

노령묘가 주의해야 할 질병

병명	개요	증상	예방책
갑상선 기능 항진증	갑상선 호르몬이 과도하게 분비되는 병. 초기에는 활동이 활발해지고 식욕이 늘지만 심장을 비롯해 여러 장기에 부담을 주어 수명이 단축된다.	식욕이 늘고, 활발해진다. 식욕이 늘지만 체중이 줄어드는 것이 특징.	예방이 어려우며, 역시 조기발견이 중요. 정기적인 혈액검사를 포함한 건강검진이 필요하다.
심장병	심장에 생기는 질환. 원인은 몇 가지가 있고, 선천적인 기형이거나 증상이 10세 이후부터 나타나는 경우도 있다. 만성신장병 등과 합병증으로 발병하는 경우도 있다	운동하면 쉽게 피로해지고, 별로 움직이지 않게 된다. 입으로 호흡하는 모습을 보인다.	예방하는 것이 어렵지만 심장 초음파 검사로 조기발견이 가능.
구강 질환	구강 질환은 입 안에서 일어나는 모든 질환을 일컫는 용어. 사람과 마찬가지로 고양이도 나이가 들수록 이빨과 잇몸이 약해진다.	먹이 먹는 것이 힘겨워 보이거나 입 주변을 자주 발로 만지면 구강 질환의 가능성이 있다.	예방하는 것이 어려움. (보호자가 양치질을 해주면 효과가 있다는 설이 있다.)
종양성 질환	종양성 질환은 세포가 과도하게 증식하는 병을 총칭한다. 그중 일명 '암, 육종'은 생명에 위험한 악성 종양이다.	종양은 부위에 따라 증상이 다양하다. 예를 들어, 내장계 종양은 초기 증상으로 식욕은 있지만 설사가 지속되는 증상이 있다.	평상시 브러싱할 때, 고양이의 몸을 만졌을 때 뭔가 이상이 없는지를 확인하는 것이 조기 발견으로 연결된다.

보호자는 고양이의 병에 대한 지식을 습득해 두어야 한다.

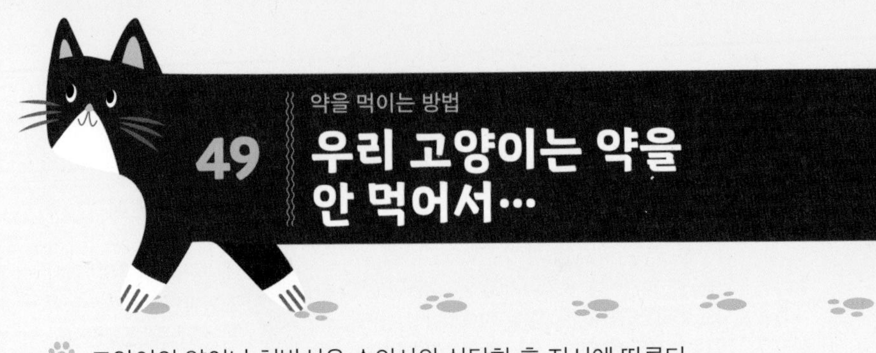

약을 먹이는 방법

49 우리 고양이는 약을 안 먹어서…

고양이의 약이나 처방식은 수의사와 상담한 후 지시에 따른다.
보호자에게도 공부가 필요한 부분이 있다.

약을 주는 방법

'약을 먹어야 하는데, 고양이가 약을 먹지 않는' 문제에 직면한 보호자는 적지 않으리라 생각됩니다. 이것은 어느 의미로는 당연한 말입니다. 약은 야생 환경에서는 존재하지 않으며, 먹을거리로서는 거부감이

들기 때문에 이상할 게 없습니다. 실제, 우리 사람도 '약을 잘 못 먹는 사람'이 있습니다. 그래도 사람이 약을 먹는 이유는 '약을 먹지 않으면 건강에 문제가 있다'는 점을 생각하기 때문입니다. 고양이는 이런 생각을 할 수 없기 때문에 보호자는 사랑스러운 고양이가 약을 먹을 수 있도록 여러 가지 방법으로 요령을 모색해야 합니다.

수의사와 상담

고양이 약에도 여러 타입이 있습니다. 형태 면에서는 정제, 분제, 액제가 있고 사용방법(복용방법)에 따라 내복형과 또는 안약과 같은 타입도 있습니다.

고양이에게 스트레스를 주지 않고 약을 사용(복용)하는 데에는 여러 가지 방법이 있습니다. 예를 들면, 안약의 경우 등쪽을 감싸고 턱을 가볍게 들어 올려 살짝 위를 향하게 하여 조심스럽게 약을 넣도록 하고 있습니다. 다만 이런 방법은 어디까지나 한 가지 예시이며, 적절한 방법은 케이스 바이 케이스입니다. 고민되는 점은 수의사와 상담해 봅시다.

약을 주는 방법

고양이 약 중에는 사료와 섞어서 먹이는 타입이 있습니다. 이는 특히 다묘양육에서 겪는 어려움 중 하나로, 이러한 경우로 약이 섞인 사료를 다른 고양이가 먹게 되는 문제입니다. 이렇게 되면 먹은 고양이는 약의 효과를 충분히 얻지 못할 뿐 아니라, 약이 불필요한 고양이까지 약을 복용하게 되므로, 보호자는 이러한 일이 발생하지 않도록 관찰해야 합니다.
또한 고양이가 약을 자연스럽게 먹게 하는 방법으로 기호성이 높은, 소분된 스틱타입의 페이스트 형태의 간식에 섞어서 주는 것도 좋습니다. 역시, 다니고 있는 동물병원의 수의사와 상담하여 방법을 찾아봅시다.

처방식의 주의점

고양이 식사는 판매되고 있는 드라이 타입(건식)의 고양이 사료 종합영양식을 기본으로 하는 것이 좋다고 알려져 있습니다. 종합영양식이란 그 이름에서 알 수 있듯이 고양이 건강에 필요한 영양소가 밸런스 좋게 함유되어 있는 식사를 말합니다. 특정 영양소를 더 많이 섭취하거나, 혹은 특정 영양소를 섭취하지 않도록 하는 것은 어렵습니다. 따라서 특정 질병에 대해서는 특별히 조절되어 있는 사료(이것을 처방식 사료라고 합니다.)가 더 좋을 수 있습니다.

먹이 가로채기에 주의

다묘양육에서는 처방식으로 치료하는 것이 어렵다고 여겨집니다.

그 이유 중 하나는 앞서 '약을 주는 요령방법'에서 설명한 것처럼 다른 고양이가 먹이를 가로챌 수 있기 때문입니다.

규정(처방 복용) 준수

'컴플라이언스(compliance)'라는 단어를 요즘 자주 접할 수 있는데, 사람을 포함한 의료 분야에서 컴플라이언스는 일반적으로 '환자가 처방된 약을 지시대로, 확실하게 복용하고 있는 것'을 뜻하는 단어입니다.

다묘양육의 처방식에는 특히 보호자에게 컴플라이언스의 준수가 요구되고 있습니다.

'다른 고양이와 다른 사료를 주는 것이 안쓰럽고 불쌍하니까…'라는 자기 판단으로 마음대로 중단하거나, 간식을 주는 것은 사랑스러운 고양이의 건강 수명을 줄어들게 하는 결과를 초래합니다.

식사 종류 바꾸기 꿀팁

처방식을 포함하여 이전의 식사에서 다른 식사로 자연스럽게 바꾸는 방법으로는 사료를 데워 주는 '식사가온법' 등이 있습니다.

해당 방법으로 주어도 좋은지는 담당 수의사와 상담을 하고 실시하도록 합시다.

[식사 변경 방법]

- ▶ **식사가온법**: 전자레인지에서 적당히 따뜻하게 데우면 풍미가 올라가는 사료도 있다.
- ▶ **두 그릇 병행 급여법**: 새로운 사료를 평소 늘 쓰던 그릇에 담고, 그 옆에는 이전의 사료를 담은 그릇을 둔다. 늘 쓰던 그릇에 새로운 사료를 담아 주면 고양이는 경계심을 갖기 어렵다.
- ▶ **신구 혼합법**: 이전 사료나 좋아하는 사료에 조금씩 새로운 사료를 섞어 주는 방법.

고양이가 약을 싫어하는 것은 당연하므로, 보호자의 아이디어 고안이 필요하다.

보호자가 할 수 있는 응급처치

50 상처로 피가 날 때 어떻게 해야 할까?

상처의 출혈은 대부분 금방 멈춘다.
어떤 경우에도 당황하지 말고, 침착하게 대응한다.

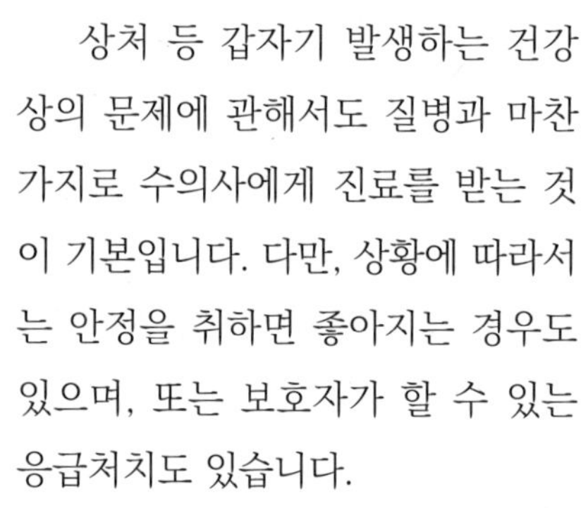

상처의 응급처치

상처 등 갑자기 발생하는 건강상의 문제에 관해서도 질병과 마찬가지로 수의사에게 진료를 받는 것이 기본입니다. 다만, 상황에 따라서는 안정을 취하면 좋아지는 경우도 있으며, 또는 보호자가 할 수 있는 응급처치도 있습니다.

다묘양육에서 자주 발생하는 것이 고양이들 간의 싸움이나 장난에 의한 상처입니다. 출혈이 있으면 청결한 타올이나 거즈로 상처 부위를 눌러 지혈을 합니다. 대부분의 경우 출혈은 바로 멈추고, 2~3분, 길게는 15분 정도면 지혈이 될 수 있습니다.

골절 고정은 가능한 범위 내에서

부상이라고 하면 골절을 떠올리는 사람이 많지만, 먼저 기본 정보로서 고양이는 착지하는 것이 특기인 동물이라 높은 곳에서 떨어져도 골절되는 경우는 그렇게 많지 않습니다. 다만 다묘양육에서는 다른 동거 고양이의 영향으로 흥분 상태가 될 수 있어 외동묘양육의 경우보다는 염려가 됩니다. 고양이가 높은 곳에서 떨어졌다면, 먼저 그 모습을 잘 지켜보며 평소와 다른 증상이 보이는지 확인합니다.

골절이 있다면 평상시와는 걸음걸이가 다릅니다. 그리고 심한 경우에는 골절 부위가 변형되는 경우도 있습니다. 악화되는 것을 막기 위해, 가능하면 부목으로 환부를 고정하는 것이 이상적이지만 고양이의 경우는 어려운 점이 많습니다. 되도록 가능한 한 안정을 취하게 하고 동물병원에 데려갑니다.

단골 동물병원

고양이를 키우다 보면 동물병원의 존재는 빼놓을 수 없습니다. 그리고 되도록 단골병원을 만들어 두는 것이 이상적입니다.
수의사가 내 고양이의 성격이나 건강 상태를 알고 있기 때문에, 만일의 경우 급박한 상황에서도 순조롭게 대처할 수 있습니다. 그리고 사랑스러운 고양이 역시도 익숙한 병원, 낯익은 수의사에게 진료를 받는 것이 안심됩니다.

이물 섭취 등의 상황별 응급처치

무심코 고양이를 문에 끼이게 한다든지, 잘못해서 고양이의 어딘가를 밟게 되는 등의 사고가 발생한 경우에는, 먼저 고양이의 상태를 잘 관찰합니다. 직후에는 아무것도 아닌 것처럼 보여도, 며칠간은 움직임이나 식욕, 배설 모습 등을 관찰합시다.

그 외로 자주 발생하는 사고는 이물 섭취입니다. 이물 섭취는 섭취한 이물이 고양이에게 독성이 있는지 없는지에 따라 응급 정도가 달라집니다. 독성이 있는 것은 응급 정도가 높고, 생명에 관계되는 경우도 있습니다. 그리고 독성이 없어도 간과할 수 없으며, 위장 내에서 막히면 수술을 해야 하는 경우도 있습니다. '무엇을 어느 정도 먹었고, 먹은 후 얼마의 시간이 경과하였는지'를 가능한 한 확인하고, 동물병원에 전화해 지시에 따릅니다.

감전

감전에 대한 응급처치도 알아 두어야 하는 문제입니다. 고양이는 전기 제품의 코드를 물어뜯다 감전이 되는 경우가 있습니다. 이런 경우에는 먼저 전원을 끄고 전신 상태를 확인합니다. 다음으로 호흡 상태를 확인합니다. 또, 입술이나 혀에 화상을 입었을 수 있으니 그 부위도 주의 깊게 관찰해야 합니다. 전기 제품 관련 감전은 찌릿 하는 정도의 경도 감전부터 생명에 위협을 줄 수 있는 심각한 감전까지 여러 가지 다양한 경우가 있습니다. 특히 물이 있는 곳은 주의해야 합니다.

감전은 시간이 지난 후에 증상이 나타나는 일도 있으므로, 건강해 보여도 진료를 받아 두어야 안심할 수 있습니다.

화상

보호자가 실수로 뜨거운 물을 쏟는 등의 원인으로, 고양이가 화상을 입는 경우도 있습니다. 고양이는 민첩한 동물이기 때문에 특히 발끝과 같이 보이는 부위에 부분적인 화상을 입는 경우가 있습니다. 이런 경우는 환부를 차갑게 하면 일단은 큰 문제가 없으므로, 침착하게 대처하는 것이 중요합니다. 냉각제나 물에 젖은 타올로 환부를 시원하게 하고 그 상태로 동물병원에 데리고 갑니다.

경련이 일어나면 지속적인 관찰이 필요

고양이는 갑자기 경련을 일으키는 일이 있어 이를 보게 되면 보호자는 놀라서 초조해집니다. 이런 경우에도 역시나 보호자는 침착한 것이 중요합니다.

경련은 상처나 부상과는 다르게, 내과적인 영역이 원인이 되는 경우가 많으며, 간질환, 신장질환, 뇌신경질환, 저혈당 등이 경련을 일으키는 것으로 알려져 있습니다. 대부분은 몇 분 안에 멈추므로, 경련 중에는 당시 모습을 잘 관찰해서, 진정이 되면 동물병원에 전화하고 지시에 따릅니다.

사고가 났을 경우, 보호자는 먼저 침착하게 대처하는 것이 중요하다.
상황을 잘 관찰하고 수의사에게 전달하는 것이 기본이다.

노령묘의 케어

51 털의 윤기가 점점 없어진다…

고양이는 11세부터 노령묘라 불리며 털이 푸석푸석해지는 경향이 있다.
보호자는 고양이 연령에 맞춘 환경을 만들어 준다.

노령묘(시니어묘)와의 생활 기본

고양이의 평균 수명은 이전보다 길어져서, 현재는 일반적으로 12~18세, 좀 더 범위를 좁히면 15~16세 정도가 됩니다.

이 책에서는 11세 이상을 '시니어기(시니어묘) 고양이(노령묘)'라고 하지만, 11세 이상은 고령기, 15세 이상은 노년기라고 표현하기도 합니다. 고양이는 시니어기가 되면 자는 시간이 길어지는 등의 변화가 나타납니다.

시니어 고양이가 쾌적하게 생활하기 위해서, 다시 한 번 양육환경을 재정비해야 할 필요가 있습니다. 다묘양육에서는 세대가 다른 고양이도 동거하여 같이 생활하는 경우도 있으므로, 상황을 보고 균형을 고려하면서 시니어 고양이를 돌봐야 합니다.

시니어 고양이의 특징

고양이는 시니어기에 들면 잠자는 시간이 길어지는 등 행동적인 면뿐 아니라, 그 외에도 털의 윤기가 없어지는 등의 외형적인 변화도 나타납니다. 또한 나이가 들면서 일어나는 변화에도 개체별로 차이가 있으므로 역시나 보호자는 개체별 개성에 맞는 양육에 신경을 기울여야 합니다.

[대표적인 시니어 고양이의 특징]

- ▶ **털**: 윤기가 사라져 푸석푸석한 인상의 모질로 변화한다.
- ▶ **얼굴**: 시니어 고양이는 귀가 잘 들리지 않게 되고, 눈곱이 많아지는 경향이 있다. 또한 치주병으로 인해 이빨이 빠지는 고양이도 있다.
- ▶ **잠자는 시간**: 고양이는 자주 자는 동물이지만, 어렸을 때보다 더 잠자는 시간이 길어진다.
- ▶ **활동량**: 활동량이 줄어 잘 놀지 않게 된다.
- ▶ **운동 능력**: 높은 곳을 능숙하게 뛰어오르지 못하는 등 운동 능력이 저하한다.

노령묘와 생활할 때의 요령

시니어기에 접어들면 체중에도 변화가 생깁니다. 늘어나는 경우와 줄어드는 경우가 있으며, 늘어나는 것은 운동량 부족의 영향으로 볼 수 있고, 줄어드는 것은 소화, 흡수 기능의 저하 등이 원인으로 꼽힙니다. 어떤 경우든 먼저 점검해야 하는 것은 식사의 내용입니다. 많은 회사에서 시니어 고양이용 사료를 출시하고 있으니, 사랑스러운 고양이에게 맞는 제품을 선택합시다.

또한 사료를 담는 밥그릇으로는, 특히 시니어 고양이에게는 몸에 부담이 적도록 적당한 높이가 있는 것이 좋습니다.

받침대 등으로 사랑스러운 고양이가 편하게 식사를 할 수 있도록
알맞은 높이를 만들어 주는 것이 중요.

생활 환경의 정비

노령묘의 행동을 관찰하고, 불편해하는 모습이 있다면 그 대책을 마련합니다. 예를 들어 화장실 입구의 높이가 걸림돌이 되어 트레이에 들어가기 힘들어하는 경우, 입구에 경사로를 설치하는 것이 좋습니다. 또한 캣타워가 있는 가정에서는 캣타워의 단차를 좁게 해 놓는 것이 시니어 고양이가 이용하는 데에 더욱 수월합니다.

혈기 왕성한 고양이의 놀이 상대

고양이는 시니어 노년기가 되면 활동량이 줄어들고, 다른 고양이와의 간섭에 점차 부담을 느끼는 등 변하는 경우도 있습니다. 상황에 따라 젊은 고양이의 놀이 상대는 보호자가 맡아야 합니다.

또한 시니어 고양이의 털이 푸석푸석해지는 이유로는, 자기 스스로 털을 그루밍하지 않기 때문입니다. 이런 경우에는 보호자가 빗으로 그루밍을 해주며 건강상태도 함께 체크하는 것이 좋습니다.

고양이 치매증

장수하는 고양이가 늘어나면서 고양이 치매가 문제가 되는 경우도 증가하고 있습니다. 고양이 치매의 증상으로는 '화장실 이외의 장소에 배설', '낮과 밤을 가리지 않고 운다', '목적 없이 주변을 맴돈다' 등이 있으며, 이런 행동들은 보호자에게는 큰 부담이 될 수도 있습니다. 사람이 고양이의 치매와 마주하게 된 역사는 짧고, 앞으로 더욱 연구가 필요한 분야입니다. 이러한 문제에 대해 보호자는 먼저 '고양이에게도 치매가 있다'라는 사실을 아는 것이 첫걸음입니다. 그리고 완벽함을 추구하기보다는 '할 수 있는 것을 한다'라는 생각으로 대처하는 것이 중요합니다.

- 고양이는 11세 이상이 되면 시니어기(고령기)라고 여겨진다.
- 보호자는 시니어기의 고양이가 생활하기 편하도록 환경을 재정비한다.

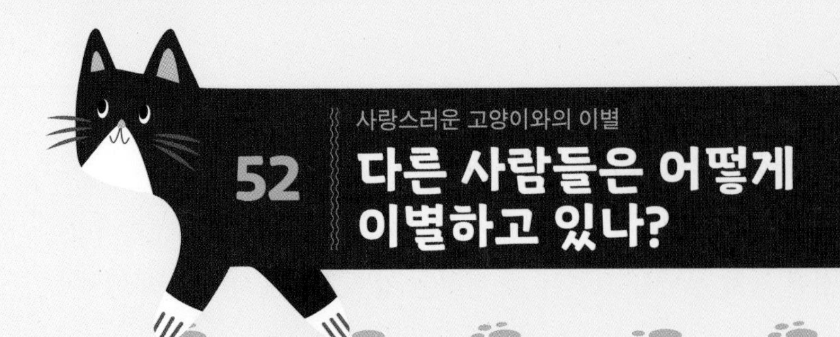

사랑스러운 고양이와의 이별

52 다른 사람들은 어떻게 이별하고 있나?

고양이의 말년기를 돌보는 방법과 추모의 방법에는 절대적인 정답은 없다. 나만의 후회가 남지 않는 방법으로 나아간다.

고양이와의 마지막

모든 동물에게 수명이 있듯 고양이도 예외일 수 없습니다. 슬픈 일이지만 언젠가는 이별을 하는 날이 오기 마련이고, 다묘양육에서는 이런 일이 더욱 많이 있겠습니다.

죽음이나 임종에 대한 대처 방법으로는 절대적인 정답은 없습니다. 고양이에 대한 의학은 발전하고 있어, 상황에 따라서는 일명 '연명 치료'도 가능하지만, 이런 방법에 대한 선택 여부는 보호자에 따릅니다. 최근에는 인생의 마지막을 위한 활동으로 '종활(終活)'이라는 용어를 자주 접하게 되는데, 어떤 일이든 미리 준비해 두는 것은 나쁜 일이 아닙니다. 혼란 없이 사랑스러운 고양이를 떠나보낼 수 있도록 고양이 말년기의 치료나 임종 시 장례 방법을 생각해 두는 것도 한 가지 방법이 되겠습니다.

여행 시작의 신호

고양이에게 마지막이 다가올수록 '개구호흡을 하는' 등의 변화가 보입니다. 숨을 거두기 직전에는 자는 듯이 생을 다하는 경우가 있다면, 임종 직전까지 괴로워하는 경우도 있습니다. 마지막 순간에 우는 경우도 많이 있습니다. 숨을 거두면 호흡과 심장의 움직임이 멈추고, 모든 부위의 움직임이 더 이상 움직이지 않게 됩니다.

[숨을 거두기 직전의 움직임의 예]

- ▶ **호흡**: 입을 벌리고 호흡하게끔 된다.
- ▶ **체온**: 체온이 내려가기 때문에 몸을 만지면 평상시와 달리 약간 차가운 감이 있다.
- ▶ **경련**: 병의 종류에 따라서는 숨을 거두기 직전 경련을 일으키는 경우도 있다.

죽음의 순간은 보여주지 않음

'고양이는 죽는 순간을 보여주지 않는다'고 자주 얘기되는데, 기르는 고양이 중에는 마지막 때 보호자에게서 멀어지려는 고양이도 있습니다. 그리고 반대로 보호자에게 다가오는 고양이도 있습니다. 고양이가 보호자에게서 떨어지려 한다면 조금 거리를 두고 지켜보는 등 사랑하는 고양이에게 맞추는 것도 하나의 방법입니다.

고양이의 장례

고양이가 숨을 거두면 근육이 풀려 배설물 등이 흘러나오는 일이 있습니다. 혹시 이와 같은 모습을 보게 된다면, 먼저 깨끗이 닦아 줍니다. 그 후 2~3시간 정도면 사후 경직이 시작됩니다. 실내라면 바로 부패가 진행되지는 않지만 보냉제 등으로 차갑게 하면 부패의 진행을 늦출 수 있습니다.

숨을 거두는 시간에 따라 다르지만, 하룻밤은 같은 지붕 아래에서 함께 지내는 보호자가 많습니다.

장례 방법

고양이 장례에는 몇 가지 방법이 있는데 최근 많이 진행되는 것이 펫 장례 서비스입니다.

[고양이 장례 방법]

- ▶ **펫 장례 서비스**(펫 영위): 펫용의 납골당으로, 화장이나 매장에도 여러 방식이 있다. 예를 들어, 화장에는 펫용의 방문 화장차 등도 있고, 매장에는 '다른 보호자의 펫과 함께 매장'하는 방식과 '개별 매장', '보호자와 함께 매장'하는 방식도 있다. 비용은 시설에 따라 다르며, 유골을 돌려받지 않고 합동 화장하는 경우에는 10,000엔부터 시작한다.
- ▶ **자기 집 마당에 매장**: 화장을 하지 않고 자신의 집 마당에 매장하는 방법도 있다. 깊이는 깊을수록 좋은데 최소 60센티미터 이상의 깊이에 매

장하는 것이 좋다. 지상에 두게 되면 미생물에 의해 분해되어 결국 뼈만 남게 된다.

▶ **지방자치단체:** 지방자치단체에서 사체를 회수해 가는 방식도 있다. 회수하는 방식이나 비용은 다르며, 기본적인 유골은 지방자치단체에 따라 다르지만 약 3,000엔 정도이다.

공유지에 매장하는 것은 불법투기에 해당

국내에서 고양이가 가족의 일원으로 여겨지게 된 것은 얼마되지 않아 지자체별로 고양이 유해에 대해 대응하는 방법이 제각각입니다. 법률상 예전에는 고양이 유해는 폐기물로 여겨졌으나 최근에는 그 해석이 변하고 있어 작은 새나 소형 파충류를 소동물로 나눠 생각하는 지자체도 있습니다. 다만 '인적이 드문 곳', '전망이 좋은 곳' 등 타인의 소유지나 공유지에 매장을 하는 것은 불법 투기가 되어 법률에 의해 처벌받을 수 있습니다.

POINT

- 고양이의 말년기와 마지막을 마주 보는 방법은 보호자에게 달려 있다.
- 언젠가 있을지 모르는 장례 방법에 대해서도 미리 생각해 두면 좋다.

※ [역자주] 현재 우리나라 동물보호법상으로는 집 앞 마당에 매장하는 것은 불법임.

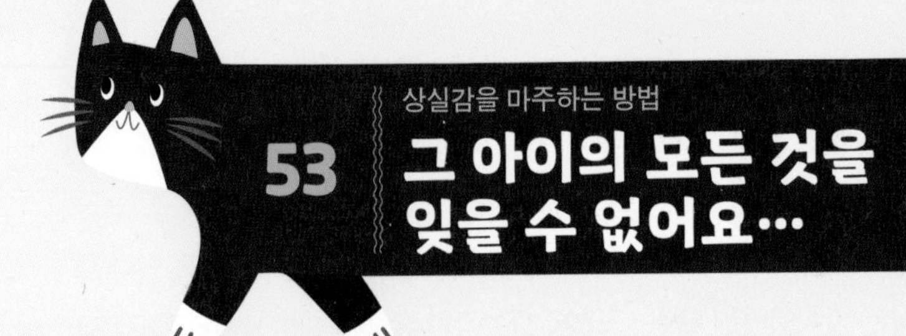

상실감을 마주하는 방법

53 그 아이의 모든 것을 잊을 수 없어요…

사랑스러운 애묘와의 이별은 언젠가 반드시 찾아온다.
누구에게나 무척 힘든 경험이 된다.

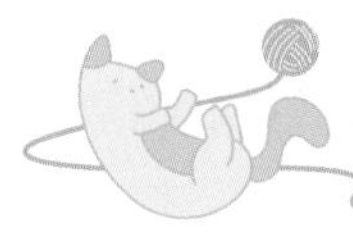

상실감에 대한 경험

나의 사랑스러운 고양이는 소중한 가족의 일원이지만, 사회적으로 보면 반려동물의 범주에 속합니다. 그리고 '펫로스 증후군'이라는 용어가 있는데 같이 생활하던 반려동물을 잃은 상실감으로 정신적, 신체적 이상이 생긴 것을 말합니다. 사랑스러운 고양이와의 이별은 너무나도 힘들지만, 이로 인하여 몸과 마음의 컨디션이 무너지는 것은 바람직하지 않습니다. 다묘양육에서는 다른 동거묘에 나쁜 영향을 줄 수도 있습니다. 여기에서는 사랑스러운 고양이와의 이별을 경험한 보호자가 어떻게 이별의 상실감에 대처했는지, 그 경험담을 소개합니다.

사랑스러운 고양이와의 이별을 경험한 이웃의 경험담

- 한동안은 어떤 것도 할 마음이 없었습니다만, 어느 순간 그 아이가 내 옆에 있는 듯한 느낌을 받은 적이 있습니다. 그 이후, '그 아이는 세상에서 없어진 것이 아니라 거주지가 바뀌었구나'라고 생각하게 되었습니다. 그 아이를 기회가 있을 때마다 생각하고 있습니다.

  \- M.Y. 님

- 이전 어느 분에게서 '후회가 없도록'이란 조언을 받은 적이 있어서, 마지막까지 제가 할 수 있는 최선을 다했습니다. '후회는 없다'라는 말에 어폐가 있을 수도 있지만, 그래도 마음의 짐을 조금은 덜었습니다.

  \- 킨 님

- 더 이상 만날 수 없다는 생각을 하면 너무 힘들지만, 제가 천국에 가면 만날 수 있고, 어쩌면 다음 세상에서도 함께할 수 있을지 모릅니다. 일시적인 별거라고 생각하고 있습니다.

  \- 잇시 님

- 솔직한 마음으로 떠나보낸 고양이에게 고맙기도 합니다. 멀리 여행을 떠난, 그 아이의 것을 소중히 하려고 합니다.

  \- 냥꼬 님

길을 떠난 고양이는 거주지가 바뀐 것뿐일지도 모른다.

알아 두면 좋은 문제 대책

여러 마리의 고양이들과 지낸다는 것은
이웃에 대한 배려나 재해 시의 대책 등
고려해야 하는 요소가 늘어난다는 것을 의미합니다.
만일의 경우에 곤란하지 않기 위하여
평소부터 의식하는 것도 중요합니다.

이웃에 대한 배려

54 어떤 일들이 이웃에 피해를 끼치나?

고양이와 관련한 이웃의 민원으로는 악취와 털 먼지의 문제 등이 있다. 되도록 청결하게 양육하도록 주의를 기울인다.

이웃과의 문제(민원) 발생 예방

애완동물과 관련하여 발생하는 이웃의 민원에 대해 환경성이 발표한 데이터(「애완동물 관리에 따른 문제발생 주요 과제」(2018))를 보면, 고양이와 관련해 많이 발생하는 민원이 '고양이가 와서 분뇨(배변·배뇨)하고 가는 것'입니다. 다묘양육에서는 수가 많아지는 만큼 관리가 더 어렵습니다. 이웃에 대한 배려 차원에서도 역시 실내 양육을 원칙으로 생각합시다.

또 다른 문제로는 악취도 있습니다. 고양이 화장실을 자주 청소하고 제대로 관리한다면 고양이는 냄새로 인한 문제가 적은 동물입니다. 그러나 작은 일이 이웃과의 분쟁으로 이어질 수 있으니 양육환경을 가능한 한 청결히 유지하도록 의식합시다.

공동 주택에서는 털 빠짐에 주의해야 한다

냄새 이외에 신경 써서 주의해야 할 점은 사랑하는 고양이의 털 빠짐입니다. 특히 공동 주택에서는 이불이나 쿠션을 말릴 때 먼저 털을 떼어내어 제거한 후 말리도록 합시다.

[공동 주택에서의 문제 예방]

- ▶ **빠진 털의 처리**: 이불이나 쿠션을 베란다에서 말릴 경우에는 청소기나 점착테이프 등으로 털을 제거한 후 말린다. 그리고 보호자의 옷에 붙은 털도 집 안에서 제거한다.
- ▶ **방음**: 방음 처리가 되어 있지 않은 바닥에는 카펫이나 매트를 깔면 방음에 도움이 된다.

이웃과의 인사

이웃과 발생하는 문제 중 대부분은 의사소통이 부족해서 벌어지는 일이 많습니다. 법적으로 정해져 있지도 않고 상황에 따라 다르지만, 기본적으로 고양이를 키우기 시작했을 때나 고양이와 함께 이사를 했을 때에는 이웃에게 '저희가 고양이를 키우게 되었습니다. 피해가 가지 않게 조심하겠지만 혹시 의도치 않게 불편을 드릴 수도 있습니다. 말씀해 주시면 조치하겠습니다. 잘 부탁드립니다.'라는 내용으로 미리 이웃과 인사합시다.

다른 집 고양이의 침입에 대한 대책

고양이가 고양이를 부르는 일이 있다고 하던가요. 고양이를 키우다 보면 다른 집의 고양이가 우리 집에 침입해 들어오는 일이 있습니다. 이런 고양이의 방뇨 등이 고민된다면 시판되고 있는 기피제를 사용하는 것도 좋습니다. 그리고 지자체에 따라서는 고양이가 싫어하는 초음파를 발생하여 침입을 막을 수 있는 초음파 발생기를 빌려주는 곳도 있습니다.

또한 자신이 키우고 있는 사랑하는 고양이에 대한 이웃의 반응이 좋지 않거나, 다른 보호자가 키우는 고양이에 관해 염두에 두는 점이 있다면, 상대방에게 직접 말하기보다는 먼저 지자체나 동물애호센터에서 상담을 하는 것이 좋을 수도 있습니다. 당사자들끼리는 감정적으로 반응하게 되고 원활하게 해결되지 않는 경우가 적지 않습니다.

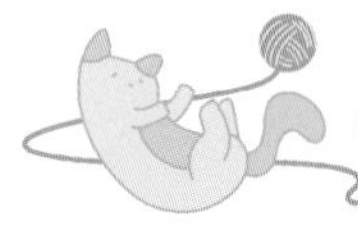

손님을 초대했을 때의 주의점

집에 손님을 초대했을 때 일어나는 문제로는 손님이 고양이를 무리하게 안고 들어 올리려 해서 순간적으로 손님을 공격하는 일이 있습니다. 고양이도 여러 성격의 타입이 있기 때문에 사람에게 친근하게 다가가는 고양이가 있는 반면 낯가림을 하는 고양이도 있습니다. 혹시 나의 고양이가 후자의 성격이라면 손님에게 미리 주의를 주어야 합니다.

손님에 대한 주의점

집에 손님을 초대할 때에 나의 사랑스러운 고양이와 손님 간에 벌어질 수 있는 문제를 방지하기 위해서는, 먼저 집에 고양이가 있다는 것을 사전에 미리 이야기합니다. 그리고 손님에게, 고양이를 신경 쓰지 말고 평소처럼 하라고 부탁하고 평상시대로 고양이가 다니게 합니다. 그러다 혹시 손님에게 다가간다면 손님에게 고양이 코에 손가락을 대게 하여 냄새를 맡게 합니다. 그래서 고양이가 무서워하지 않는다면 손님에게 고양이의 턱 아래 부분을 부드럽게 쓰다듬어 주도록 합니다.

덧붙여, 이런 방법을 만날 때마다 반복한다면, 고양이가 낯가림을 하지 않게 될 수도 있습니다.

무리한 방법은 금물

손님에게 고양이를 소개한다고 '고양이 집에서 무리하게 끌어 내거나', '도망가는 고양이를 쫓아가서 잡거나', '강제로 장난감으로 놀게 하려는' 등의 행동은 금지입니다. 사랑스러운 고양이가 심한 스트레스를 받을 수 있습니다.

POINT

- 양육환경을 청결히 유지하는 것은 이웃과의 분쟁을 방지하는 데 중요하다.
- 손님이 집에 왔을 때 고양이를 손님에게 무리하게 소개하지 않는다.

오랫동안 함께한 고양이라도 잠깐 사이에 탈주하는 일이 있다.
보호망 등으로 탈주를 막는 것이 중요하다.

탈주 예방

고양이는 호기심이 강한 동물입니다. 그래서인지 오랜 시간 함께 지내온 고양이라도 조그만 틈이 생기면 밖으로 뛰쳐나가서는 보호자가 불러도 순순히 돌아오지 않는 일이 있습니다. 다른 말로 탈주라고 하는데 특히 다묘양육에서는 동거하고 있는 다른 고양이들과의 사이가 좋지 않을 경우, 더 많이 탈주하려는 경향이 있습니다. 이런 문제에 대해서는 먼저 탈주를 할 수 없게 예방하는 것이 중요합니다. 이를 위한 가장 보편적인 방법이 고양이용 탈주방지 펜스를 설치하는 것입니다. 시중에 판매되는 제품 중 여러 타입의 물건이 있는데 양육환경에 맞는 제품을 선택합니다.

주의가 필요한 장소

고양이는 현관을 통해서만 탈주하지 않습니다. 베란다 창문의 좁은 틈새를 통해서도 나갈 수 있고 심지어는 잠긴 창문을 열고 나가기도 합니다.

[고양이 탈주 가능성이 있는 장소]

▶ **현관**: 외출, 귀가 등 보호자가 출입하거나 택배가 와서 물건을 받으러 문을 여는 순간 밖으로 뛰쳐나간다.

▶ **창문**: 특히 방충망은 주의해야 한다. 고양이가 방충망을 찢고 나가는 경우도 있고 방충망이 가볍기 때문에 고양이가 밀고 나갈 수 있어 특별한 주의가 필요하다.

▶ **베란다**: 빨래를 말리기 위해 베란다 문을 열어 둔 사이 베란다 창으로 뛰쳐나가는 일도 있다.

무리한 펜스 설치는 주의

고양이 탈주를 방지하기 위해 펜스를 설치할 때에는 긴급한 상황이 발생할 경우도 고려하여 보호자와 고양이가 원활히 밖으로 나갈 수 있도록 해야 한다. 피난 경로는 평상시에 확인해 두는 것이 중요하며, 필요 이상으로 빡빡하게 고정하는 것은 피한다.

탈주를 예방하는 보호자의 올바른 행동

사랑하는 고양이가 탈주하는 것을 방지하기 위해 보호자가 할 수 있는 행동도 있습니다. 그중 하나는 이중문을 의식하여 이동하는 것으로, 예를 들어 외출할 때에는 현관 안쪽에 설치한 중문을 먼저 닫고, 그 다음에 현관문을 여는 것입니다. 또한, 고양이는 보호자의 발밑의 작은 틈으로 스르르 자연스럽게 달아나 버리는 경우가 많으므로, 출입구에 여행용 캐리어를 놓아 두어, 보호자가 출입하는 순간에 캐리어로 발밑을 막는 방법도 있습니다.

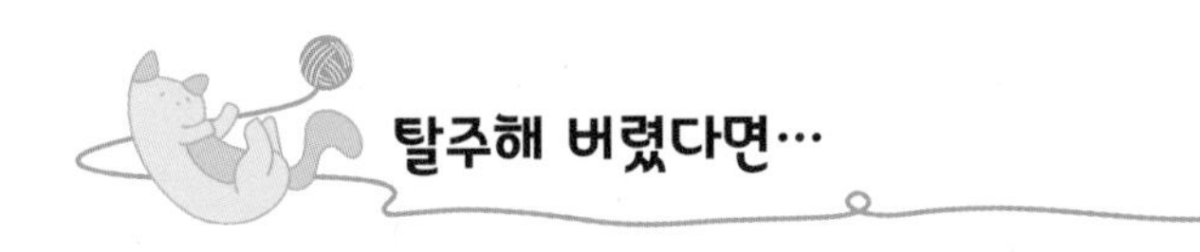

탈주해 버렸다면…

고양이가 탈주해 버렸다면, 먼저 침착하게 자신의 감정을 추스리는 것이 가장 중요합니다. 당황하여 도로로 뛰어들면 자기 자신이 사고를 당할 수도 있기 때문입니다.

침착하게 감정을 추스렸다면, 먼저 발견했을 때 운반할 수 있는 운반용 캐리어 백이나 유인용 간식을 준비하여 집 주변을 찾아봅니다. 실내양육 고양이는 멀리 가지 않고, 근처의 그림자 진 곳에 숨어 있는 경우가 대부분입니다. 또한 탈주한 고양이는 밤에 행동하는 일이 많으므로 낮뿐만 아니라 밤에도 찾아보는 것이 좋습니다.

바로 찾을 수 없다면

탈주한 고양이를 바로 찾을 수 없다면 지자체 보건소나 동물보호센터에 연락합니다. 발견한 사람이 보호하다 이쪽으로 연락하는 일이 많기 때문에 이러한 경로로 고양이를 찾는 경우도 적지 않습니다.

또한 동물병원이나 슈퍼마켓의 게시판 등에 인쇄물을 붙이는 것도 효과적입니다.

그리고 요즘은 SNS로 '길 잃은 고양이를 찾습니다'라는 글을 올려서 찾는 경우도 많아지고 있습니다.

[인쇄물을 만들 때 필요한 정보]

▶ **제목**: 먼저 목적을 밝히기 위해 길 잃은 고양이를 찾는다는 내용을 큰 글씨로 쓴다.

▶ **사진**: 어떤 고양이인지를 알리기 위해 사진은 가능한 한 게재하는 것이 좋다.

▶ **고양이의 특징**: 이름, 연령, 성별, 외관의 특징, 성격 등을 기입한다.

▶ **연락처**: 발견한 사람이 보호자에게 연락할 수 있도록 전화번호 등을 기입한다.

※ **주의점**: 게시판에 인쇄물을 붙일 때에는 꼭 시설 담당자의 허가를 받은 후 게시한다.

POINT

- 고양이 탈주 방지를 위해서는 먼저 펜스 등을 이용해 예방하는 것이 중요하다.
- 탈주했다면 침착하게 먼저 가까운 집 주변을 찾는다.

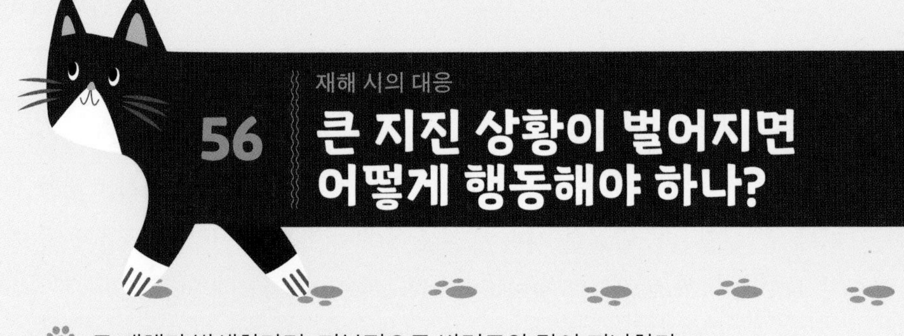

재해 시의 대응

56 큰 지진 상황이 벌어지면 어떻게 행동해야 하나?

큰 재해가 발생한다면, 기본적으로 반려묘와 같이 피난한다.
평소에 피난 대책 준비를 해 둔다.

재해 시의 기본

큰 지진이나 태풍 등의 재해로 피난이 필요한 상황에서는 반려묘도 함께 이동하는 것이 기본입니다. 혹시라도 '대피소에서 주변에 피해를 줄지도 모른다'고 생각하는 보호자도 있을 수 있지만, 현대 사회에서는 고양이나 개 등 애완동물을 가족의 일원으로 인정하고 있습니다. 환경성도 재해 시에 애완동물과 함께 피난할 것에 대비해 피난 지침을 공식 사이트에 공개하고 있습니다.

재해를 다른 사람만의 일이라고 생각하지 말기

재해라고 포괄적으로 말하지만, 재해에는 여러 종류가 있습니다. 어떤 재난이든 주의가 필요하지만 일본인이 늘 의식하며 살고 있는 것은 지진입니다. 일본 열도에서 정기적으로 커다란 지진이 일어나는 것은 역사적으로 보더라도, 지정학적 위치를 보더라도 분명한 사실입니다. 가까운 미래에는 엄청난 규모의 지진(남해 트래프트 지진)이 2030년대에 발생할 가능성이 높다고 예상되고 있으며, 내각부 등 정부를 중심으로 한 국가적인 재해 방지 대책을 세우고 있습니다. 여기에 최근 기상이변으로 인한 태풍과 폭우로 홍수 피해를 입는 일도 많아졌습니다. 우선, '재해는 결코 남의 일이 아니다'라는 점을 확실히 의식합시다.

가족과의 연락

재해에 대한 대책으로는 자기 혼자만이 아니라 주변 사람들과도 협력하는 것이 매우 중요합니다. 특히 다묘양육을 하고 있는 가정에서는 보다 많은 고양이들을 돌봐야 하기 때문에 가족이나 주변 사람들의 도움이 필요합니다.
평상시 긴급한 상황에 대비해서 가족 간의 연락 방법이나 비상시 고양이의 이동 방법 등의 역할 분담을 정해 두면 안심이 되겠습니다. 그리고 살고 있는 지역의 방재 계획과 동물병원의 대응도 미리 확인해 두면 혹시 모를 재해에 대비할 수 있습니다.

재해 대비

어떤 일이라도 '준비되어 있다면 걱정 없다'는 말처럼 지진과 같은 재해도 마찬가지로 만약을 대비하여 미리 준비해 둡시다.

방재 대책의 기본 중 하나인 '가구 고정'은 사랑하는 고양이를 위해서도 도움이 됩니다.

[주요 재해 대책]

- ▶ **가구 고정**: 가구나 낙하물이 떨어져 부상을 입을 수 있다. 가구처럼 커다란 물건이 흔들리지 않도록 천장과 물건 사이에 설치하여 고정시켜 주는 '손오공봉' 등을 이용하는 것도 좋다. 그리고 100엔숍 같은 곳에서 고양이 침대나 스크래처, 이불 등에 사용하는 '미끄럼 방지 시트'도 판매하고 있으므로, 필요에 따라 이것들을 활용한다.
- ▶ **캐리어 케이스의 활용**: 고양이에게 무슨 일이 있을 때 도망치기 위한 것으로, 평상시에는 캐리어 케이스를 양육 공간에 설치해 두는 것도 선택지 중 하나이다. 재해 시에는 그대로 데리고 나갈 수 있는 장점도 있다.
- ▶ **유연성 있는 양육**: 대피소에서의 공동 생활에서는 여러 사람들과 함께 생활하며, 고양이 지급 식사가 있는 경우는 어떤 식사인지 알 수 없다. 평상시에 사랑스러운 고양이가 '낯가림'이나 '음식 가림'이 없도록 관리하는 것이 재해 대비책 중 하나이다.

➡ 고양이가 낯가림을 하지 않도록 하는 방법에 대한 상세한 정보는 217페이지

준비해 두면 좋은 것들

재해가 발생하여 피난하게 됐을 때 준비해 두면 좋은 것들로는 사료와 물 등이 있습니다.

[피난 시 필요한 준비물]

▶ 필요한 것

☐ 사료(캣푸드) ☐ 물

☐ 사료나 물을 담을 용기(가능하면 사료용과 물용 2개)

☐ 캐리어 케이스 ☐ 약(지병이 있을 경우)

▶ 있으면 좋은 것

☐ 케이지 ☐ 수건이나 이불

☐ 고양이 화장실 모래

☐ 펫 시트 ☐ 쓰레기 봉투

대피소에서의 생활

상황에 따라 다르지만 일반적으로 고양이는 캐리어 케이스 안이나 케이지 안 같은 주위가 둘러싸인 곳에서 생활하게 됩니다. 그리고 리드줄이나 하네스 등으로 연결하여 밖에 두는 것은 도망 갈 위험이 높아지기 때문에 피하는 것이 좋습니다.

재해를 남의 일로만 생각하지 말고 평소 재해에 대한 대책을 준비해 둔다.

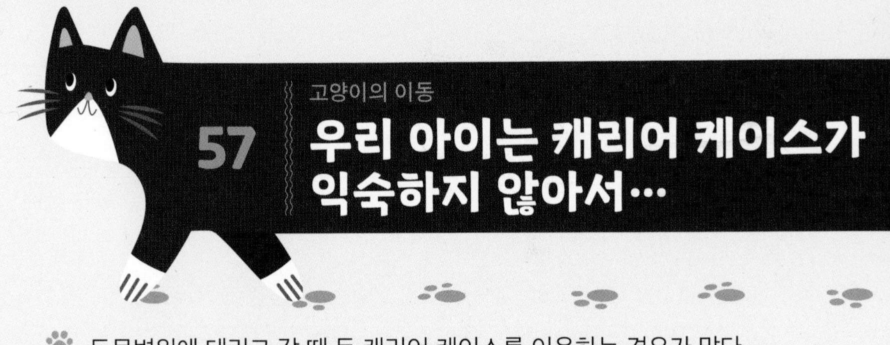

동물병원에 데리고 갈 때 등 캐리어 케이스를 이용하는 경우가 많다. 평소에 익숙해지도록 연습하는 것이 좋다.

캐리어 케이스의 활용

병원에 데리고 갈 때나 재해 시 함께 대피를 하는 등의 일로 고양이를 운반할 때 주로 사용하는 것이 캐리어 케이스입니다. 나의 고양이가 캐리어 케이스를 낯설어 하여 들어가지 않는다면 곤란한 상황이 벌어집니다. 이런 일이 일어나지 않도록 고양이가 캐리어 케이스와 친해져야 합니다. 평상시에 캐리어 케이스를 생활 공간에 함께 두어 지내게 하면 자연스럽게 익숙해질 수 있습니다.

[캐리어 케이스와 친해지는 2가지 방법]

▶ STEP 1: 평상시 고양이가 생활하는 주변에 설치해 둔다.

고양이가 생활하고 있는 공간에 캐리어 케이스를 설치해 두면 자연스럽게 익숙해지는 경우가 많다. 평소 잠자리로 이용하기도 한다. 장소로는 방 구석이나 햇빛이 잘 들어오는 창가 등 고양이가 편안히 쉴 수 있어 좋아하는 자리에 두는 것이 좋다. 캐리어 케이스의 문을 떼어낼 수 있다면 떼어 두고 안에는 고양이의 채취가 있는 수건이나 이불을 넣어 두면 안심하고 쉴 수 있게 된다.

▶ STEP 2: 5분 정도 산책을 시킨다.

고양이가 캐리어 케이스에 들어가 이동하는 데 적응하기 위해, 보호자가 고양이가 들어가 있는 캐리어 케이스를 들고 집 주변을 5분 정도 산책하는 방법이 있다.

캐리어 케이스의 개수

재해가 발생했을 때에는 고양이와 함께 대피하는 것이 기본으로, 다묘양육에서도 마찬가지로 그 고양이 수만큼 캐리어를 준비해 두어야 합니다. 사랑스러운 고양이가 캐리어 케이스에 익숙해질 수 있도록, 캐리어 케이스는 공유하기보다는 '○○에게는 이 캐리어 케이스'와 같이 각각의 고양이용을 지정해서 준비하는 것이 좋습니다.

이동 시 주의점

사랑스러운 고양이를 데리고 이동할 때, 전철이나 버스 같은 대중교통을 이용할 경우에는 사전에 공식 사이트를 통해 이용 조건이나 요금을 확인하고 그에 따릅니다. 이동 중에는 주변에 피해가 되지 않도록 주의하고 고양이가 들어가 있는 캐리어를 발밑에 두는 것이 기본입니다.

또한 택시를 이용할 때에도, 대부분의 경우 고양이와 같이 승차하는 것은 문제가 없지만, 예약 시나 승차 전에 '캐리어 안에 고양이가 있는데 함께 타도 되는지'를 확인하는 것이 좋습니다.

비행기로 이동

항공사에 따라 다르지만 일반적인 비행기에서는 고양이는 기내로 데리고 들어가는 것이 금지되어 있어 수하물로 맡기게 됩니다. 보호자와 떨어지게 되므로, 사전에 동물병원에서 건강 검진을 받는 등 불안 요소를 가능한 한 없애 둡시다.

자가용 차로 이동

자가용으로 이동할 때에는, 특히 이동 시간이 길어질 것에 대비해 주의가 필요합니다. 우선은 가능한 한 이동 시간을 줄일 수 있도록 사전에 경로를 확인해 두는 것이 중요하고, 시간이 길어지면 도중에 휴식을

취할 수 있는 장소를 찾아 둡니다. 또한 캐리어 케이스가 파손될 상황을 염두에 두어 하네스와 리드줄을 장착해 두면 안심할 수 있습니다.

[장시간 자가용으로 이동할 때 필요한 물건]

▶ 필요한 것

- ☐ 하네스와 리드줄
- ☐ 물, 물을 담을 용기
- ☐ 펫 시트
- ☐ 이불이나 수건
- ☐ 쓰레기 봉투
- ☐ 계절에 따라 휴대용 보온제와 보냉제

▶ 있으면 좋은 것

- ☐ 펫용 이동식 화장실
- ☐ 털 빠짐을 정리할 수 있는 점착식 롤러
- ☐ 동물병원에서 처방받은 멀미약

고양이가 혼자 집에 있을 때

어떠한 사정으로 보호자가 어쩔 수 없이 집을 비우게 되는 경우도 있습니다. 고양이 혼자 지내게 되는 경우, 일반적으로 1~2일 정도는 사람이 없어도 괜찮다고 알려져 있습니다. 사랑스러운 고양이들을 두고 집을 비우게 될 경우에는 에어컨을 켜 두는 등 낮과 밤을 가리지 말고 생활 환경을 쾌적한 온도로 유지해야 하고 고양이들이 언제든지 사료와 물을 먹을 수 있도록 충분한 식사와 물을 준비한 후 집을 나서는 것이 기본입니다.

고양이 운반 이동 시에는 캐리어 케이스를 이용하므로, 캐리어 케이스에 익숙해지도록 한다.

하세가와 료 감수

하세가와 료는 교토 출신의 수의사이다. 2017년에 키타사토대학 수의학부 수의학과를 졸업하였으며, 보호시설전문 왕진병원인 '레이크타운고양이 진료소'의 원장이다. 수도권 중심으로 동물병원에서 진료도 보고 있으며, 펫사업 컨설팅 회사인 'Ani-vet'의 대표이기도 하다.

이수정 역

이수정은 건국대학교 수의학과 졸업 후 수의사 면허를 취득하였고, 서울대학교 대학원 수의조직학 석사수료 후, 일본으로 유학하여 도쿄대학교 대학원에서 수의외과학(임상수의학) 박사학위를 취득하였다. 건국대학교 의생명과학연구원의 재생의학 및 줄기세포 학술연구교수와 월드펫동물종합병원 원장을 역임하였으며, 현재는 연성대학교 반려동물보건과 교수로 재직 중이다.

한진수 번역 감수

한진수는 건국대학교 수의학과를 졸업하고 도쿄대학교 대학원에서 실험동물의학 박사학위를 받아, 2005년부터 건국대학교 수의과대학에서 실험동물의학과 동물복지학 등을 강의해왔으며, 대학원 바이오힐링융합학과 주임교수이다. 서울시 동물복지위원회 위원장을 역임하였고, 동물복지 및 길고양이 연구를 다수 수행하였으며, 동물복지 전문가로 인정받고 있다. 고양이 2마리의 집사이며 용인에서 길고양이 돌보미로도 활동하고 있다.

다묘양육백서

세상에서 가장 행복한 다묘가정 만들기

초판발행 2025년 3월 2일

감 수 長谷川 諒
옮긴이 이수정
번역 감수 한진수
펴낸이 노 현

편 집 박송이
기획/마케팅 김한유
표지디자인 권아린
제 작 고철민·김원표

펴낸곳 ㈜피와이메이트
서울특별시 금천구 가산디지털2로 53, 210호(가산동, 한라시그마밸리)
등록 2014.2.12. 제2018-000080호
전 화 02)733-6771
f a x 02)736-4818
e-mail pys@pybook.co.kr
homepage www.pybook.co.kr
ISBN 979-11-6519-975-3 03490

*파본은 구입하신 곳에서 교환해 드립니다. 본서의 무단복제행위를 금합니다.

정 가 17,000원

박영스토리는 박영사와 함께하는 브랜드입니다.